职业教育教学用书

网页制作基础教程
（Dreamweaver CC）
（第3版）

王　钰　黄洪杰◎主　编

杨　军◎副主编

电子工业出版社

Publishing House of Electronics Industry

北京·BEIJING

内 容 简 介

本书以 Dreamweaver CC 2021 软件为依托，以建立一个网站为项目实例，系统地介绍了静态网站的基础设计与制作。本书对文字、图像、视频、超链接、CSS 样式、行为、动态元素、表单等网页元素的含义及应用进行了详细的讲解，并介绍了网页的管理方法和上传步骤等内容。

本书从基础知识和基本操作入手，循序渐进、直观明了地阐述各个知识点，并配有大量的图片和实例，使读者能够独自建立简单的网站、制作和维护网页，以及掌握如何设置网页的动态效果和多媒体应用，同时学会上传网站。

本书既兼顾了目前中等职业教育几种办学模式（中专、职高、技校）的特点和差异，又淡化了各类中等职业学校的界限，不仅可以作为中等职业学校计算机专业学生的教材，还可以作为计算机爱好者和工程技术人员自学的参考用书。

图书在版编目（CIP）数据

网页制作基础教程：Dreamweaver CC / 王钰，黄洪杰主编. —3 版. —北京：电子工业出版社，2024.3

ISBN 978-7-121-47109-4

Ⅰ. ①网… Ⅱ. ①王… ②黄… Ⅲ. ①网页制作工具－中等专业学校－教材 Ⅳ. ①TP393.092

中国国家版本馆 CIP 数据核字（2024）第 013115 号

责任编辑：郑小燕

印　　刷：中国电影出版社印刷厂
装　　订：中国电影出版社印刷厂
出版发行：电子工业出版社
　　　　　北京市海淀区万寿路 173 信箱　　　　邮编：100036
开　　本：880×1230　　1/16　　印张：12.75　　字数：278 千字
版　　次：2013 年 8 月第 1 版
　　　　　2024 年 3 月第 3 版
印　　次：2024 年 3 月第 1 次印刷
定　　价：48.00 元

凡所购买电子工业出版社图书有缺损问题，请向购买书店调换。若书店售缺，请与本社发行部联系，联系及邮购电话：（010）88254888，88258888。

质量投诉请发邮件至 zlts@phei.com.cn，盗版侵权举报请发邮件至 dbqq@phei.com.cn。

本书咨询联系方式：（010）88254550，zhengxy@phei.com.cn。

前 言

　　本书针对党的二十大报告中提出的"统筹职业教育、高等教育、继续教育协同创新，推进职普融通、产教融合、科教融汇，优化职业教育类型定位"，以及《中共中央关于制定国民经济和社会发展第十四个五年规划和二〇三五年远景目标的建议》提出的"加大人力资本投入，增强职业技术教育适应性，深化职普融通、产教融合、校企合作，探索中国特色学徒制，大力培养技术技能人才"这一目标，满足大量的高素质技术技能人才和高质量的职业教育等具体要求，努力适应中等职业教育课程改革的需要，特别是面向学分制的模块式课程和综合化课程，同时增强了课程的灵活性、适用性和实践性。

　　本书采用项目实例教学模式，使读者在学完每个项目实例后掌握部分基础知识，学会一些操作技能，并完成一个具体的项目。本书每一章都由几个项目组成，除第1章的项目1外（介绍基础知识），每个项目又都由几个子项目组成，以完成项目为手段，实现教学目标。

　　本书既兼顾了目前中等职业教育几种办学模式（中专、职高、技校）的特点和差异，又淡化了各类中等职业学校的界限，将培养目标统一定位在"具有综合职业能力，在生产、服务、技术和管理第一线工作的高素质劳动者与中/初级专门人才"上，淡化"技术员"和"操作工人"的界限。

　　本书的知识和技能体系按照由浅入深、先易后难的原则，采用双重模块结构，增强了课程的灵活性和适用性。本书分为5个模块，分别是网页制作前的准备（第1章）、网页布局与规划（第2～3章）、网页的编辑（第4～5章）、网页的多媒体效果（第6～8章）、网站的管理与上传（第9章）。其中，前4个模块为基础模块，要求开设该课程的学校必须完成这些模块的教学；网站的管理与上传为选修模块，可以根据地区和学校的实际情况酌情选用。

　　本书的参考教学时长为72学时。全书共9章。第1章 网站的建立；第2章 编辑网页中的内容；第3章 网页布局；第4章 使用超链接；第5章 CSS样式；第6章 制作多媒体网页；第7章 使用表单；第8章 使用行为；第9章 网站的管理与上传。其中，第2～8章为本书的重点。

22

为方便教学，本书还配备了电子教学参考资料包（电子教案、教学指南及习题答案），请有此需要的教师登录华信教育资源网下载，或者与电子工业出版社联系。

本书由王钰、黄洪杰担任主编，杨军担任副主编，黄奕凯等也参与了本书的编写工作。

由于编者水平有限，书中难免存在疏漏与不足之处，希望同行专家与广大读者给予批评、指正。

编　者

2023 年 11 月

第 1 章

网站的建立

项目 1　了解网页和网页制作工具

我们生活在一个网络时代。每年，中国互联网络信息中心（CNNIC）发布的《中国互联网络发展状况统计报告》都在不断更新中国网民的数量及互联网的应用等发展状况。当前，各种基于互联网的应用层出不穷，不断吸引人们去体验。

在互联网上安一个家，成为许多人的个性化需求，想要实现这个想法并不难，只需一点点创意、一点点耐心和一点点美工知识，同时熟练掌握本书所介绍的软件，一切就是这么简单。

本书介绍的软件是由 Adobe 公司研发的 Dreamweaver CC 2021（以下简称 Dreamweaver）。其中，2021 是它的版本号，由于该软件的功能还在不断更新，因此版本号也会不断更新。这款软件曾与 Flash、Fireworks 一起被称为"网络三剑客"。目前，Flash 和 Fireworks 已经被 Adobe 公司放弃，没有再更新版本，而 Dreamweaver 一直是深受网页设计者关注的产品之一。

在使用 Dreamweaver 前，我们必须搞清楚几个概念，这些概念会在后面的学习中经常用到，若混淆了概念，会给后面的学习带来很大的麻烦。

知识点 1　网页、超链接与网站

当人们在互联网上浏览时，看见的每一个页面都可以称为网页。那什么是网页呢？简单地说，网页就是把文字、图形、图像、声音、动画、视频等多种媒体形式的信息，以及分布在互联网上的各种相关信息相互链接起来而构成的一种信息表达方式。

图 1.1.1 所示为在浏览器中输入中国互联网络信息中心网址后打开的网页，网页中有文字、图片、按钮、文本框等多种元素。当鼠标指针在网页中移动时，会在超链接区域变为手形。

网页使用超文本来表达信息，这是一种改变了人们阅读习惯的形式。当人们平常阅读书籍时，使用的都是一种线性结构。也就是说，只有看完第 1 章，才能看第 2 章，否则内容的衔接就会出现问题；当人们阅读报纸时，可以先浏览报纸上所有的文章标题，再挑选感兴趣的文章进行阅读，而不必一篇一篇地阅读完所有的文章，这是两种不同的阅读方式。而互联网采用了一种更为复杂的网状结构，人们可以根据自己的喜好随时改变阅读顺序，甚至可以从一篇文章跳转到另一篇文章，几乎可以无限制地跳转。这种形式就是超文本表达信息的方式，能够改变阅读顺序的就是超链接。

图 1.1.1   "中国互联网络信息中心"网页

实际上，在一些字典及百科全书中，早已采用了这种链接式的信息表达方式。例如，在某百科全书中，对"虎"字的解释可能是这样的，如表 1.1.1 所示。

表 1.1.1   某百科全书中对"虎"字的解释

虎，又称老虎，是一种大型食肉野生动物，属于猫科哺乳动物，产于亚洲
参见：动物（第 104 页）；猫科动物（第 201 页）
哺乳动物（第 316 页）；亚洲（第 276 页）

其中，"第 104 页""第 201 页""第 316 页""第 276 页"分别用来标明"动物""猫科动物""哺乳动物""亚洲"词语在某百科全书中的位置。人们在阅读时，只要到上述页码查阅相关信息，就可以全面了解与"虎"相关的内容。也就是说，人们在阅读到这一页时，可以选择阅读下一页的内容，也可以选择阅读第 104 页、第 201 页、第 276 页或第 316 页的内容，不同的人会选择不同的阅读顺序，实际的阅读顺序因人而异。这样就能更好地满足人们的阅读需求，而对"动物""猫科动物""哺乳动物""亚洲"的解释条目又会指向其他词条内容，只要感兴趣就可以一直阅读下去。

超链接这种非线性的连接方式，使网页信息量呈爆炸式分散和衍生，让人们可以非常方便地查找到自己所需要的信息，而正是千千万万个网页组成了色彩斑斓的互联网世界，成就了其迅速占领媒体世界的传奇。

下面来了解一个特殊的网页——主页。在浏览器中输入网址后，看到的第 1 个网页被称为"主页"。主页就像一本书的目录，其名称一般叫作 index.htm 或 index.html，因为网站的制作技术不同，所以文件名的后缀也不同，index 是索引的意思。也就是说，主页是进入其他网页的索引页。在主页中能够找到打开其他网页的超链接，通过单击主页和其他网页上的超链接，就可以打开这个网站中的其他网页。

在一般情况下，如果想要直接打开一个网页，则必须在浏览器地址栏中输入该网页的详细地址。例如，在图 1.1.2 中输入网页详细地址 https://www.phei.com.cn/module/goods/wssd_index.jsp后，才能打开相应网页。

图 1.1.2　输入网页详细地址打开相应网页

对主页来说，只需输入网站的域名，便可以被打开，而不用输入主页文件名 index.html，如图 1.1.3 所示。所以，主页名称只能使用默认的文件名，否则，直接输入网站的域名是打不开主页的。

图 1.1.3　打开网站主页时不用输入主页文件名

作为最特殊的网页，主页的重要性不言而喻，设计一个好的主页能够吸引浏览者的目光、加深浏览者的印象，从而提升网站的知名度。正是因为主页在所有网页中具有特殊作用，所以有人将个人网站称为"个人主页"。

虽然网页是在互联网上浏览的主体，但是想要将其完整、生动地展现出来还需要一些程序和文件的支持。例如，在网页中展示一段动画，就需要相关的播放程序支持；而一些具备查询功能的网页，显然也离不开后台数据库中大量数据的支持。网页、制作网页各种效果的程序文件和数据文件，以及说明文档的集合，组成了网站。

目前，人们已经不满足于在互联网上浏览，而是通过各种方法，加入互联网这个大家庭，并向他人展示自己的爱好、才能等。其中，最明显的实例莫过于微博和微信朋友圈的兴起。无论是普通的网民，还是各大媒体人，都纷纷在微博和微信朋友圈上表达自己对生活、对世界的看法。图 1.1.4 所示为人民日报的微博。

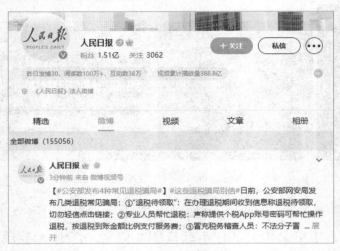

图 1.1.4　人民日报的微博

微博虽然具有简单、可操作性强等优点，但是往往会受到服务商的功能限制，甚至不能随意更改文字和图片的位置，程式化的模板给人一种千篇一律的感觉。要想充分展示自己的个性魅力、挖掘自己的潜力，还是要使用专业的网页制作软件建立一个属于自己的网站，按照自己的想法设计网页。

网站的建立是通过制作网页来完成的，首先要制作精美的网页，然后通过超链接将网页链接起来，其他的由制作软件来完成，最终形成一个网站。掌握这些技能后就可以制作出一个简单的网站，进而加入互联网这个大家庭中。

知识点 2　HTML

1. 什么是 HTML

制作主页需要熟练掌握 HTML（Hyper Text Markup Language，超文本标记语言）。首先，它只需在一个简单的文本编辑器（如记事本）中单独输入一些特定的代码，然后通过浏览器进行解释和执行，就能形成网页。

HTML 作为超文本标记语言，用于描述某个事物应该如何合理地显示在计算机屏幕上。

也可以这样说，HTML 就是以特殊的标记形式将网页存储为一般的文本文件。所以，我们能用文本文件编辑软件打开或编辑 HTML 文件。如果想要将 HTML 文件以网页的形式显示出来，则必须借助浏览器。

图 1.1.5 所示为"出版社简介"网页在浏览器中的样子。图 1.1.6 所示为该网页在记事本中打开的样子，通过右侧的滚动条可以查看这个文件的内容。

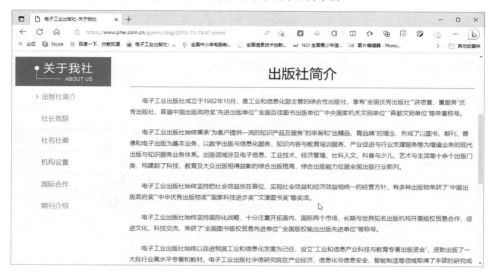

图 1.1.5　"出版社简介"网页在浏览器中的样子

图 1.1.6　"出版社简介"网页在记事本中打开的样子

除了用于控制文本如何在浏览器内显示，HTML 还包括很多不同的组件。例如，我们可以在网页上添加对象、建立项目列表、创建表格及表单等，而它最大的功能就是通过超链接，将当前网页与互联网上的其他网页链接起来。

2. 用 HTML 编写一个网页

初次打开 HTML 文件，会觉得非常复杂，但只要认真观察，就很容易发现各语句之间的规律。例如，在网页上实现"欢迎参观我的主页"这句话，并设置为黑体、加粗、18号字、居中显示，相应的 HTML 语句如下：

```
<center><b><font face ="黑体"><font size=18>欢迎参观我的主页</font></font></b></center>
```

句首的<center>表示居中，句尾的</center>表示居中结束；表示加粗，表示加粗结束；<font face ="黑体">表示文字为黑体；<font size=18>表示字号为18；句尾的两个</font>表示设置结束。

以此类推，<I>表示倾斜，</I>表示倾斜结束；<U>表示下画线，</U>表示下画线结束；<p>表示段落的开始标志，</p>表示段落的结束标志。

做一做

用记事本编辑一个文件，并保存为 HTML 格式，使其在浏览器中显示如图 1.1.7 所示的效果。

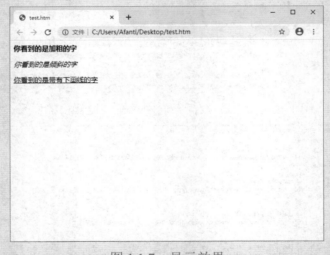

图 1.1.7　显示效果

显而易见，用 HTML 编辑网页存在以下几个缺点。

（1）在输入语句时，经常需要反复输入一些相同的格式，浪费大量的时间和精力。

（2）在编辑器中无法准确地了解主页在浏览器中显示的样子，所以往往需要反复调试，非常烦琐。

（3）无法对多个网页进行管理，以及准确地了解网页中的链接是否正确。

知识点3　静态网页与动态网页

网页可以分为静态网页和动态网页，区分它们的标准是网站所使用的服务器技术，与网页上是否有动态效果无关。也就是说，静态网页上可以有一些动态的效果，动态网页上也可以只有一些简单的文字和图片。

在浏览静态网页时，该网页是在网站所在服务器上真实存在的。在浏览器中输入网页的网址时，网站服务器就会将该网页下载到浏览器中并打开，供浏览者浏览。如图 1.1.8 所示，在浏览器地址栏中可以看到扩展名为.shtml 的网页文件。

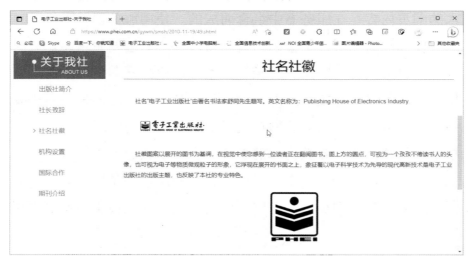

图 1.1.8　静态网页

在浏览动态网页时，该网页可能并不是真实存在的，或者不是完整存在的，而仅仅是一个模板。网页中的一些内容来自数据库等信息源，由相关的网页程序来控制信息显示在模板的什么位置。如图 1.1.9 所示，在浏览器地址栏中看不到具体的网页文件。

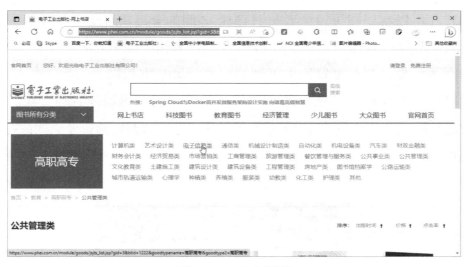

图 1.1.9　动态网页

支持动态网页的技术又分为客户端动态技术和服务器动态技术。客户端动态技术在显示网页内容时并不会与网站服务器产生交互，而是将显示脚本程序嵌入网页文件中，服务器在接收到浏览器的请求发送网页后，脚本程序会自动在计算机上运行并将结果显示在浏览器中。例如，网页中常见的 JavaScript、DHTML 和 Flash 使用的就是客户端动态技术。服务器动态技术在显示网页内容的过程中需要服务器和客户端共同配合，服务器会先根据客户端发来的参数运行相关程序，生成网页，再把已经生成的网页发送到客户端的浏览器上。例如，常见的 ASP 网页和 PHP 网页使用的就是服务器动态技术。

简单地说，使用客户端动态技术的网页内容是在浏览者的计算机中组合而成的，而使用服务器动态技术的网页内容是在服务器中组合而成的。使用服务器动态技术可以保证在不同的计算机上显示一模一样的网页，不会因为显示器尺寸等原因发生偏差。有时，我们在使用一台配置很高的计算机上浏览一些网页时经常打不开，但打开其他网页的速度很快，这往往是因为该网页使用了服务器动态技术，由于浏览者太多、负载过大等原因造成网络阻塞。

目前，网络中的网页大都采用动态网页技术，这就极大地降低了网站的维护成本，但使用服务器动态技术，往往需要后台数据库的支持，会涉及数据库操作等相关知识，因此，会对初学者提出更高的要求。无论哪一个使用动态技术的网站都是以静态技术为基础的，所以本书中的操作实例主要以静态网页为主，网页中所涉及的动态技术也都是采用客户端动态技术的形式。

知识点 4　网页制作工具

制作网页并不容易，动态网页尤为复杂。于是，人们希望通过一款软件来改变这一现象，再也不必与难记、难懂的代码打交道，一切都变得简化，只需像在 Word 中进行排版一样，由计算机来完成网页与代码之间的转换。

网页制作软件可以实现网页设计者与 HTML 之间的分离，而设计者只需在编辑器中输入文本或图片，网页制作软件就将这些文本或图片转换为相应的 HTML 代码，而且设计者在编辑器中见到的网页效果，与在浏览器中见到的网页效果基本相同。

在众多的网页制作软件中，FrontPage 曾以操作简单而获得设计者的青睐。图 1.1.10 所示为使用 FrontPage 编辑的主页，在编辑器中一点也看不出 HTML 的影子，就像在 Word 中编辑文本一样。也可以这样说，只要设计者能够熟练地使用 Word，那么也能基本掌握 FrontPage 的使用方法。

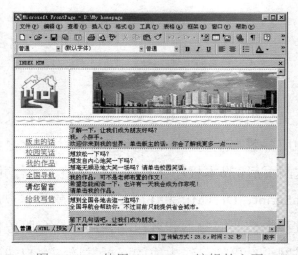

图 1.1.10　使用 FrontPage 编辑的主页

因为 FrontPage 具有体积庞大、冗余代码较多、插入动画比较麻烦等缺点，所以微软公司在 2006 年放弃了对 FrontPage 的更新，FrontPage 已经走入历史，而它的替代产品 Microsoft Expression Web 并没有得到广大网页设计者的支持，多年后再次被微软公司放弃。目前，Dreamweaver 成为最受欢迎的网页制作软件之一。

Dreamweaver 是一款专业的网页制作软件，拥有广泛的网页制作群体，主要有以下几个优点。

（1）不会生成冗余代码。可视化的网页编辑器一般都会生成大量的冗余代码，但 Dreamweaver 在使用时不会生成冗余代码，减小了网页文件的体积。

（2）强大的动态页面支持。Dreamweaver 能在设计者不了解 JavaScript 的情况下，为网页添加丰富的动态效果。

（3）优秀的网站管理功能。在已定义的本地站点中改变文件的名称和位置，Dreamweaver 会自动更新相应的超链接。

（4）便于扩展。设计者可以为 Dreamweaver 安装各种插件，使其功能更加强大。如果设计者有兴趣，则可以为 Dreamweaver 制作插件，使 Dreamweaver 更适应个人需求。

Dreamweaver 操作界面如图 1.1.11 所示。

图 1.1.11　Dreamweaver 操作界面

本书以 Dreamweaver 为依托，详细介绍了静态网页的制作方法。考虑到读者的基础性和适应性，所以本书刻意减少了代码的输入，以可视化编辑为主，使读者在学习过程中只要多加练习、认真体会，就能在短时间内灵活使用该软件，为更专业化的网页制作打好基础。

<h1>项目 2　使用 Dreamweaver 建立网站</h1>

<h2>子项目 1　了解 Dreamweaver 的操作环境</h2>

下面介绍在 Dreamweaver 中建立一个空白的网页。读者通过这一系列操作能够掌握 Dreamweaver 的操作环境。

以 Windows 10 为例，单击任务栏上的"开始"按钮，打开"开始"菜单，并选择"Adobe Dreamweaver 2021"命令，如图 1.2.1 所示，即可启动 Dreamweaver。

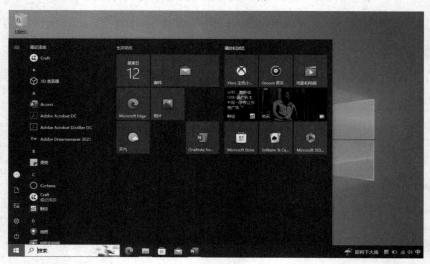

图 1.2.1　选择"Adobe Dreamweaver 2021"命令

在第 1 次启动 Dreamweaver 时，屏幕上会弹出一个有关软件版本信息的提示窗口，如图 1.2.2 所示。随后显示的是 Dreamweaver 的开始页面，如图 1.2.3 所示。

图 1.2.2　Dreamweaver 的软件版本信息提示窗口

图 1.2.3　Dreamweaver 的开始页面

在 Dreamweaver 的开始页面中可以非常方便地新建或打开网页。单击"新建"按钮，弹出如图 1.2.4 所示的"新建文档"对话框。

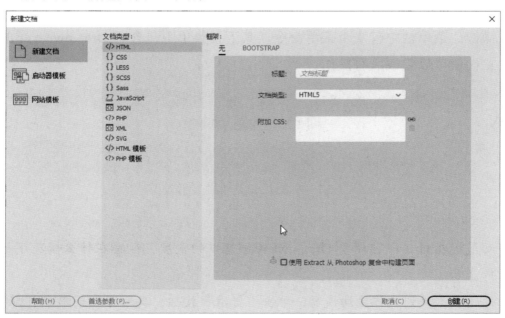

图 1.2.4　"新建文档"对话框

在"新建文档"对话框中单击"创建"按钮，可以看到 Dreamweaver 建立了一个空白的网页。此时，其工作界面也清晰地展示在屏幕上。Dreamweaver 工作界面又被称为"Dreamweaver 窗口"。

如图 1.2.5 所示，Dreamweaver 窗口主要由标题菜单栏、文档工具栏、文档编辑区、状态栏、属性检查器和面板组组成。

图 1.2.5　Dreamweaver 窗口

1. 标题菜单栏

标题菜单栏由标题栏和菜单栏组成，在默认情况下两者会合并在一行，这样可以为文档编辑区节省更大的空间，如图 1.2.6 所示。当 Dreamweaver 窗口宽度过窄时，标题栏和菜单栏显示效果如图 1.2.7 所示。标题栏主要由工作区切换器及其他按钮组成，使用它们可以更快捷地完成某项操作；菜单栏中有 9 个菜单命令，其下拉菜单中包含了 Dreamweaver 的所有操作命令，使用它们就可以完成所有操作。

图 1.2.6　标题菜单栏

图 1.2.7　标题栏和菜单栏显示效果

做一做

（1）移动鼠标指针，即可调整 Dreamweaver 窗口的宽度，观察在什么情况下标题栏和菜单栏会分两行显示。

（2）在标题栏上找到工作区切换器，单击"标准"按钮，观察下拉菜单中有哪些命令。

2. 文档工具栏

文档工具栏上有几种视图之间快速切换的按钮，分别是"代码"按钮、"拆分"按钮和"实时视图"下拉按钮。

单击"代码"按钮会在 Dreamweaver 的文档编辑区显示"代码"视图。

单击"拆分"按钮会在 Dreamweaver 的文档编辑区同时显示"代码"视图和"实时/设计"视图。

单击"实时视图"下拉按钮，可以在弹出的下拉列表中进行"实时视图"和"设计"视图之间的切换，如图 1.2.8 所示。选择"实时视图"选项可以预览网页，并随时显示编辑的效果；选择"设计"选项可以使网页文档处于编辑状态。对初学者来说，一般建议选择"实时视图"→"设计"选项。

图 1.2.8 "实时视图"下拉列表

做一做

在文档工具栏中依次单击"代码"按钮、"拆分"按钮和"实时视图"下拉按钮，观察 Dreamweaver 窗口的变化。

3. 文档编辑区

文档编辑区是用于创建和编辑网页文档的主要操作区域。该区域默认在"设计"视图下打开，初始状态下显示为空白，如果切换到"代码"视图，在文档工具栏中单击"代码"按钮，则会看到代码编辑状态，在这种状态下，可以通过输入 HTML 语句来编辑网页中的内容，如图 1.2.9 所示。

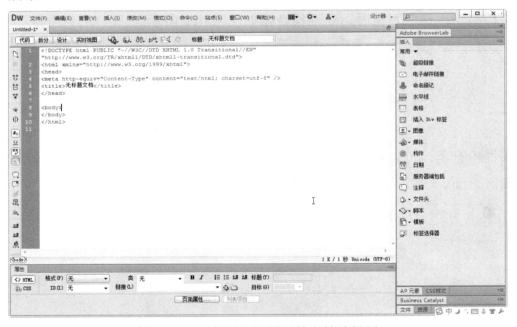

图 1.2.9 "代码"视图下的文档编辑区

4. 状态栏

状态栏会随着视图的变化而发生改变。在"设计"视图下，状态栏左侧会有标签选择器，同时可以显示当前窗口的大小、网页是否存在错误等信息，如图 1.2.10 所示。

图 1.2.10 状态栏

13

5. 属性检查器

属性检查器用于查看和更改所选元素的各种属性。在文档编辑区中选取文字、表格、图片等元素时，属性检查器显示的内容也会发生相应的改变，这样可以保证设计者在制作网页的过程中，无论对哪个元素进行操作，都可以快速地找到对该元素进行设置的位置。

做一做

选择菜单栏中的"窗口"→"属性"命令，打开属性检查器。

在默认情况下，属性检查器只显示常用的设置项目，在属性检查器右下角空白处双击，可以展开属性检查器的全部项目。属性检查器的项目会随编辑器中各元素的变化而显示不同的内容。当在文档编辑区选取文字时，属性检查器如图 1.2.11 所示。

图 1.2.11　选取文字时的属性检查器

当在文档编辑区选取表格时，属性检查器如图 1.2.12 所示。

图 1.2.12　选取表格时的属性检查器

移动属性检查器，可以将它固定在窗口的某个位置。图 1.2.13 所示为将属性检查器固定在文档编辑区下面。

图 1.2.13　将属性检查器固定在文档编辑区下面

6. 面板组

面板组默认在 Dreamweaver 窗口的右侧，其主要功能是监控和修改设计工作，由"文件"面板、"插入"面板、"CSS 设计器"面板等组成。单击面板组右上方的 ▶▶ 按钮，浮动面板组会变为图标形式，如图 1.2.14 所示，同时该按钮变为 ◀◀。单击 ◀◀ 按钮可以展开浮动面板组。

图 1.2.14　浮动面板组变为图标形式

做一做

选择菜单栏中的"窗口"命令，在弹出的下拉菜单中依次选择"文件"命令、"插入"命令、"CSS 设计器"命令，即可打开相应面板组，观察面板组的变化。

面板组的每一个面板都采用了展开与折叠的功能。单击面板名称可以展开面板，如图 1.2.15 所示；在面板名称上右击，并在弹出的快捷菜单中选择"最小化"命令可以折叠面板，如图 1.2.16 所示。

图 1.2.15　展开后的面板

图 1.2.16　折叠后的面板

在面板组的所有面板中，最常使用的是"插入"面板，如图 1.2.17 所示。该面板中有多个选项卡，在默认情况下，常用选项卡会自动打开。在网页编辑过程中，设计者可以通过选择面板上常用选项卡中的选项为网页添加相应的元素，如 Image（图片）、Table（表格）、列表项等。单击"插入"面板中的"HTML"下拉按钮，可以在下拉列表中选择其他选项，并打开相应的选项卡，如图 1.2.18 所示。

图 1.2.17　"插入"面板

图 1.2.18　选择其他选项

选择菜单栏中的"文件"→"关闭"命令，可以关闭打开的网页。当然，关闭 Dreamweaver 窗口也可以将打开的网站或网页关闭。

子项目 2　建立网站前的准备工作

为了全面展示一个主题，需要制作若干个网页，这些网页互相链接即可组成一个网站。在开始建立网站前，首先要确定网站的主题，然后根据主题确定该网站由多少个网页组成，以及这些网页之间的关联关系等。

下面以制作一个介绍城市中鸟类的网站为例来说明规划网站的步骤。经过分析，需要用 5 个网页来展示这个网站的主题，如图 1.2.19 所示。

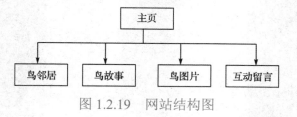

图 1.2.19　网站结构图

在制作网站前应该先绘制网站结构图，这样不仅可以规划网站结构，使网站条理清晰、主题鲜明，还可以确定各个网页的内容，方便大家思考各个网页之间的链接方式。

在本实例中，网站结构图的作用并不明显，这是因为本实例采用的网站结构比较简单，只有两层、5 个网页。在实际操作过程中，网站结构往往比较复杂，如制作学校的网站或制作学校学生会的网站，至少需要 3 层、几十个网页，这些网页的关系非常容易搞混，所以绘制网站结构图就显得非常重要。

通常，网页中除了文字，还应该包含图片、声音、动画等，这些元素的资料要在确定网站主题后、制作网页前准备好，并存放在一个专门的文件夹中。我们为制作"城市里的鸟"网站准备了许多资料，它们都被分类存放在 D 盘的"网站素材"文件夹中，如图 1.2.20 所示。

图 1.2.20　"网站素材"文件夹

"网站素材"文件夹中分别为每一个网页建立了网页素材文件夹，用于存放该网页使用的文字、图片等。网页通用的背景图片、背景声音、动画等也分别存放在相应的文件夹中。"网站素材"文件夹中的内容可以随着网站制作的过程随时添加或更改。

子项目 3　建立站点

在前面的实例中，我们轻而易举地就建立了一个空白的网页，那么用这种方法建立多个网页，并通过超链接将这些网页链接起来，是否就可以组成一个网站呢？答案是否定的。因为，即使通过超链接将这些网页链接起来，网页之间也不能组成一个统一的整体，并且会给网站的管理带来相当大的麻烦。

正确的步骤是先建立一个网站，再在这个网站中建立网页，插入图片、音频、动画，以及运行库等支持网页正确显示的文件，逐渐充实网站内容，使其变得丰富多彩。这样建立的网站才属于一个完整的系统，是一个有机的整体，让网站的管理变得更加容易、工作效率也更高。

新建一个网站有多种方法，可以选择"站点"→"新建站点"命令，也可以在面板组中打开"文件"面板，单击"管理站点"按钮，在弹出的"管理站点"对话框中来新建站点。

图 1.2.21 所示为通过菜单命令来新建站点，此时会弹出"站点设置对象　未命名站点 1"

对话框。

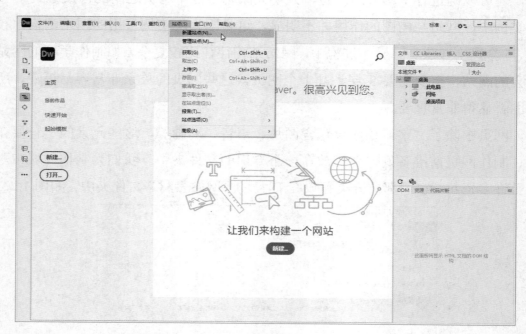

图 1.2.21　选择"新建站点"命令

首先在"站点名称"文本框中输入新站点的名称，此处输入"城市里的鸟"，可以发现，对话框标题栏上的"站点设置对象 未命名站点 1"变为"站点设置对象 城市里的鸟"；然后在"本地站点文件夹"文本框中输入站点的存放路径，此处输入"D:\myweb\"，如图 1.2.22 所示，单击"保存"按钮。

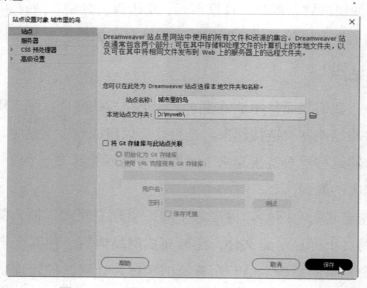

图 1.2.22　输入站点名称和站点存放路径

此时，在 Dreamweaver 窗口右侧的面板组中，"文件"面板已自动打开，并出现"站点-城市里的鸟（d:\myweb）"一行字，也就是说网站已经创建成功，如图 1.2.23 所示。接下来就可以制作属于自己的网页了。

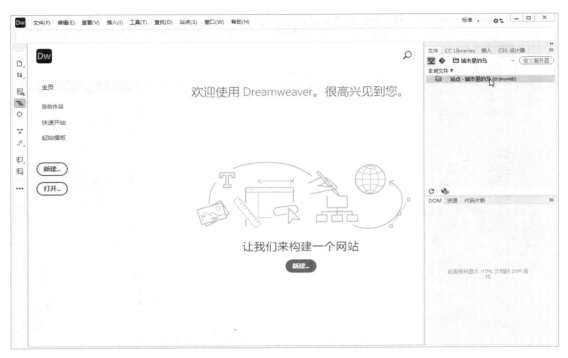

图 1.2.23　网站创建成功

子项目 4　新建网页与文件夹

在"文件"面板中，将鼠标指针移动到站点名称上并右击，在弹出的快捷菜单中选择"新建文件"命令，如图 1.2.24 所示。同时站点文件夹被展开，并自动建立"untitled.html"网页，如图 1.2.25 所示。

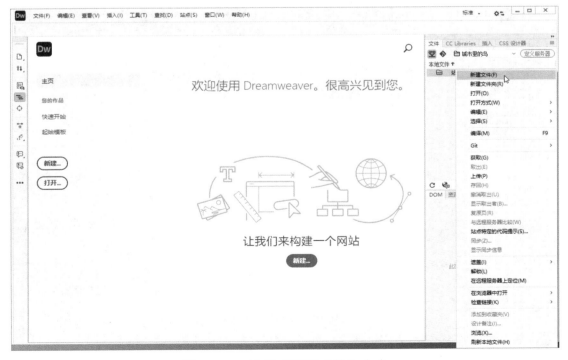

图 1.2.24　选择"新建文件"命令

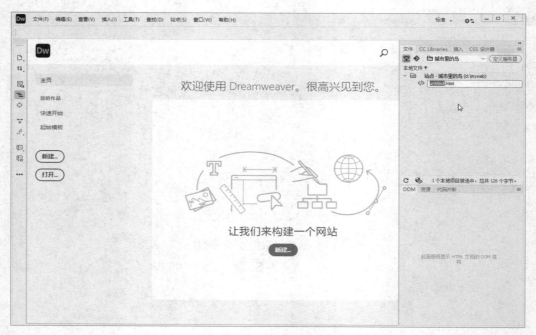

图 1.2.25　自动建立"untitled.html"网页

　　"untitled.html"网页建立以后，名称栏中的"untitled.html"处于选定状态，可以直接输入"index.html"作为新的网页文件名，并将该网页作为整个网站的主页。

　　使用同样的方法建立"nlinjv.html"网页、"ngushi.html"网页、"ntupian.html"网页和"hudongliuyan.html"网页，如图 1.2.26 所示。

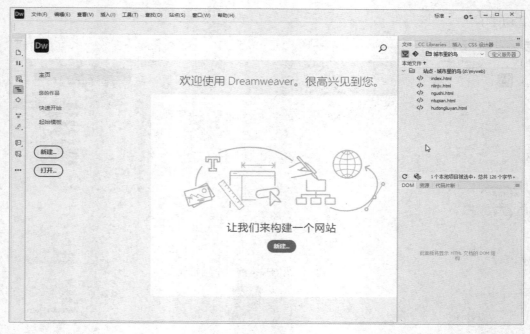

图 1.2.26　建立所有网页

　　建立文件夹的方法与建立网页文件的方法相同，大家可以自行练习。

子项目 5　更改文件名与删除文件

在完成上述操作后，如果需要更改文件名，则只需在面板组中单击两次该文件的文件名，文件名就会立刻变为编辑状态，此时删除旧名称，输入新名称即可。需要注意的是，是单击两次文件名，而不是双击；也可以在面板组的"文件"面板中，选择要更改名称的文件并右击，在弹出的快捷菜单中，选择"编辑"→"重命名"命令，此时文件名就会立刻变为编辑状态，删除旧名称，输入新名称即可。

做一做

更改文件夹名的方法与更改文件名的方法相同，请大家自行练习。

如果要删除网页文件，则只需选中该文件，按 Delete 键即可。

如果网站中有新建的空白文件夹，将它们删除，这样可以保证网站中不会有无用的文件夹。

项目 3　打开与保存网页

子项目 1　打开网页文件

在建立完网站和网页文件后，接下来就是打开网页文件，并在网页文件中输入文字、插入图像、设置动态效果、编辑超链接等，最终完成整个网站的制作。

一般可以使用以下 3 种方法打开网站中的网页文件。

第 1 种方法：打开 Dreamweaver，在弹出的开始页面中单击"打开"按钮，找到要编辑的文件，如图 1.3.1 所示。这种方法较少使用，因为只有在打开 Dreamweaver 时才可以使用该方法，一旦处在网页文件的编辑过程中，开始页面就不会出现了。

图 1.3.1　单击"打开"按钮

第 2 种方法：在面板组中打开网页文件。首先打开面板组中的"文件"面板，然后在"本地文件"选项区中双击网页文件，即可将其打开，如图 1.3.2 所示。这种方法要求网页所在的网站已经打开，否则无法在"文件"面板中找到要打开的网页文件。

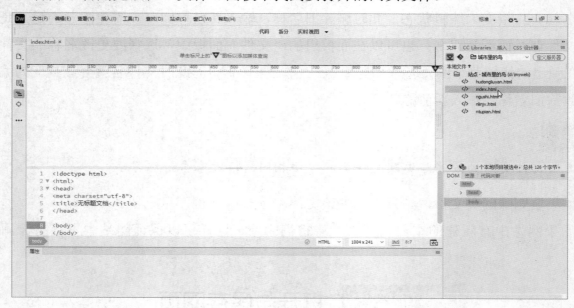

图 1.3.2　双击网页文件

第 3 种方法：使用菜单命令打开网页文件。选择菜单栏中的"文件"→"打开"命令，找到网页文件将其打开，如图 1.3.3 所示。这种方法适合所有情况，但操作起来比较麻烦。

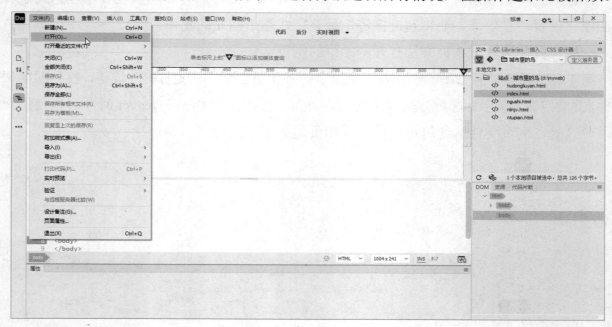

图 1.3.3　选择"打开"命令

因为是一个空文件，所以打开 index.html 网页文件后，文档编辑区显示一片空白。设计者可以像在记事本中的操作一样，首先单击"实时视图"下拉按钮，在弹出的下拉列表中选择"设计"选项，然后在文档编辑区中单击，在出现光标后，输入一行文字，如图 1.3.4 所示。

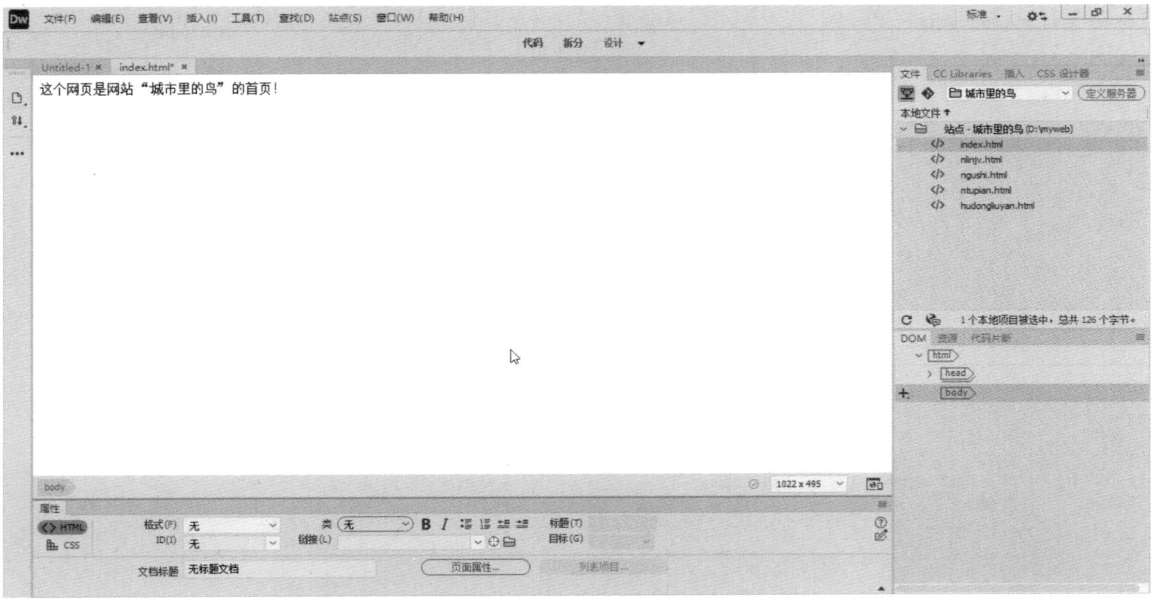

图 1.3.4　在 index.html 网页中输入一行文字

仔细观察可以发现，菜单栏下方多了一个名为 index.html 的选项卡，它与旁边打开的 Untitled-1.html 选项卡的颜色不同，说明 index.html 网页文件正处于编辑状态，是当前网页，index.html 选项卡的后面还有一个星号，这是网页未保存的标志。

Untitled-1.html 网页是初次打开 Dreamweaver 时生成的空白网页，并不属于"城市里的鸟"网站，单击其选项卡上的 ✖ 按钮，将其关闭即可。

子项目 2　更改网页标题

网页标题是指浏览该网页时显示在浏览器标题栏中的文字，而不是这个网页的文件名。它是网页内容的高度概括，一看到网页标题人们就能知道这个网页的主要内容是什么，因此网页标题非常重要。一个优秀的网页标题不仅可以为浏览者提供便利，也可以让搜索引擎快速地找到它，从而得到更广泛的传播。网页文件名一般采用英文和拼音，并且不能太长，因此不容易直观地显示网页的内容，而网页标题受到的限制就比较少。

在一般情况下，网站主页的标题就是网站的名称，而网站中内容页面的标题就是内容文章的题目。

在网页打开状态下，可以发现属性检查器下方的"文档标题"文本框中有"无标题文档"几个字，这是默认的网页标题，先将"无标题文档"这几个字删除，再输入"城市里的鸟"，作为网站主页的标题，如图 1.3.5 所示。

将网站中的其他网页打开，依次将网页标题更改为"鸟邻居""鸟故事""鸟图片""互动留言"。图 1.3.6 所示为更改"鸟图片"文档标题。

图 1.3.5　更改网页标题

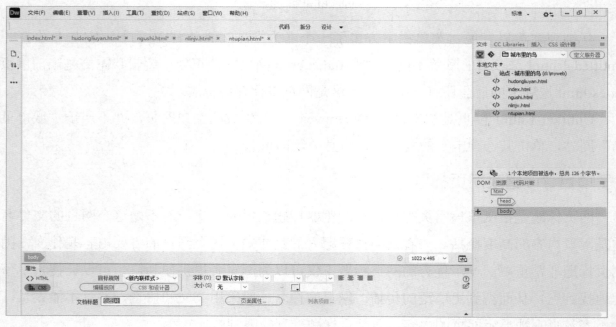

图 1.3.6　更改"鸟图片"文档标题

子项目 3　保存网页文件

从图 1.3.6 中可以看出，每一个更改完网页标题的网页名称后面都有一个星号，说明这些网页更改后的网页标题并没有保存下来，只有保存网页才能完成对网页内容和网页标题的修改。

选择菜单栏中的"文件"→"保存"命令，可以保存当前打开的网页文件，如图 1.3.7 所示。

图 1.3.7　选择"保存"命令

在对网站中的网页进行大量更改时，显然一个一个地保存效率很低。Dreamweaver 提供了一次可以保存多个网页的命令，选择菜单栏中的"文件"→"保存全部"命令，可以对所有更改过的网页文件进行保存，如图 1.3.8 所示。

图 1.3.8　选择"保存全部"命令

全部网页保存后的效果如图 1.3.9 所示。可以发现，文件名后面的星号都消失了。

大家在制作网页的过程中要养成随时保存的习惯，以免计算机死机等原因造成不必要的损失。

图 1.3.9　全部网页保存后的效果

子项目 4　预览网页

下面在浏览器中打开制作的网页，检验一下更改的网页标题是否能真正地显示在浏览器的标题栏上。

选择 index.html 网页为当前网页，选择菜单栏中的"文件"→"实时预览"→"Microsoft Edge"命令，如图 1.3.10 所示，即选择 Edge 浏览器作为预览网页的浏览器。

图 1.3.10　选择"Microsoft Edge"命令

如图 1.3.11 所示，index.html 网页的内容已经显示在浏览器中，同时网页标题"城市里的鸟"也显示在浏览器的标题栏上。

图 1.3.11　浏览器中的显示效果

子项目 5　退出 Dreamweaver

选择菜单栏中的"文件"→"关闭"命令，或者单击网页编辑窗口右上角的 ■ 按钮，都可以关闭这些网页的编辑窗口，如图 1.3.12 所示。

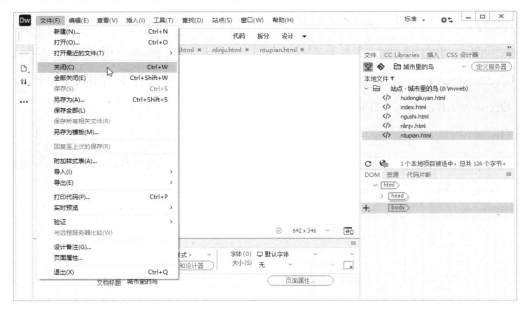

图 1.3.12　选择"关闭"命令

同样地，选择菜单栏中的"文件"→"全部关闭"命令，可以关闭当前所有打开的网页，这样可以节省不少时间。

还有一个同时关闭多个网页的方法，就是直接关闭 Dreamweaver。选择菜单栏中的"文件"→"退出"命令，如图 1.3.13 所示，可以将 Dreamweaver 及打开的网页同时关闭。

单击 Dreamweaver 窗口标题栏右上角的 × 按钮，也可以退出 Dreamweaver。

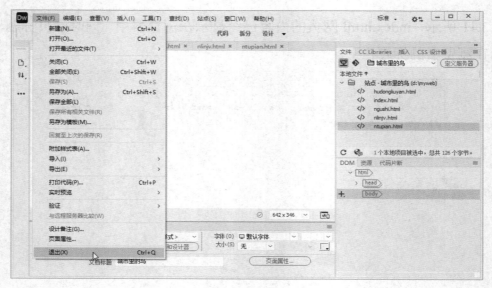

图 1.3.13 选择"退出"命令

习题 1

1．网站、网页、主页之间有什么区别与联系？

2．用 HTML 编写一行代码，显示"今天开始学习 Dreamweaver"，要求以宋体、16 号字、左对齐的方式显示。

3．静态网页与动态网页在根本上有什么不同？有动态元素的网页就是动态网页吗？

4．在 Dreamweaver 中，文档工具栏上有哪些按钮？分别有什么作用？

5．在 Dreamweaver 中，如何打开和关闭面板组？

6．在 Dreamweaver 中，如何打开和关闭属性检查器？

7．在 Dreamweaver 中，新建网页的默认扩展名是什么？主页的默认文件名是什么？

8．网页标题与网页文件名有什么不同？

第 ② 章

编辑网页中的内容

在网页上浏览时可以发现，任何一个网页，无论是绚丽多彩，还是简洁明了，都包含两类元素，即文字和图片。其中，文字是一个网页最基本的元素，同时添加适当的图片可以让网页更加出彩。

项目1　字体与段落的设置

本项目通过在 index.html 网页文件中输入文字，并设置文字的字体、字号、颜色、风格，以及整个段落，来展示在 Dreamweaver 中进行文本操作的基本方法。

子项目 1　输入文字

首先在 Dreamweaver 中打开网站，然后在面板组的"文件"面板中双击 index.html 网页文件，将该网页文件打开。

与其他文本编辑软件一样，在文档编辑区中单击，出现光标后就可以输入文字，也可以通过"复制"或"粘贴"等命令，将网页素材文件中的文字复制到网页中，如图 2.1.1 所示。

图 2.1.1　在网页中输入文字

在输入文字时，有时右侧的文字会被隐藏在面板组文件夹的后面。为了方便操作，可以将面板组关闭。在操作过程中，随时可以按 F4 键，将面板组隐藏或重新显示在屏幕上。

在输入过程中，当按 Enter 键后，会发现默认的行间距比较大。用键盘操作换行有两种方法：一种是按 Enter 键，另一种是按 Shift+Enter 组合键。按 Enter 键实施的是分段操作，段与段之间的距离较大；按 Shift+Enter 组合键实施的是换行操作，也就是正常的行间距，在使用 Shift+Enter 组合键分行后，文字仍处于一个段落。两种换行方法的效果如图 2.1.2 和图 2.1.3 所示。

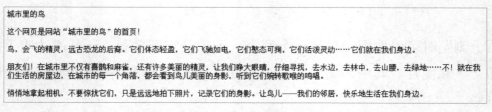

图 2.1.2　使用 Enter 键换行后的效果

图 2.1.3　使用 Shift+Enter 组合键换行后的效果

在输入完文字后，可以单击文档工具栏中的"实时视图"下拉按钮，在弹出的下拉列表中选择"实时视图"选项，将"设计"视图切换为"实时视图"，预览一下网页的文字效果。在"实时视图"下是不能进行文字编辑操作的。因此，在编辑网页时，需要再次单击文档工具栏中的"实时视图"下拉按钮，在弹出的下拉列表中选择"设计"选项，将"实时视图"切换为"设计"视图，使网页处于可编辑状态。

输入完之后，选择菜单栏中的"文件"→"保存"命令，保存网页上的文字。

子项目 2　导入中文字体

对文本的操作都要在属性检查器中进行。如果属性检查器没有显示出来，则可以按 Ctrl+F3 组合键，或者选择菜单栏中的"窗口"→"属性"命令，打开属性检查器。

由于 Dreamweaver 提供的默认字体中没有中文字体，因此在设置字体前，要先将中文字体添加到属性检查器的"字体"下拉列表中。

属性检查器有两种模式，在默认情况下"HTML"标签是打开的，如图 2.1.4 所示。在该模式下不能设置字体。单击 CSS 按钮，可以切换到"CSS"标签，如图 2.1.5 所示。

图 2.1.4　属性检查器的"HTML"标签

图 2.1.5　属性检查器的"CSS"标签

单击"字体"右侧的 ˅ 按钮，在弹出的下拉列表中选择"管理字体"选项，如图 2.1.6 所示。

图 2.1.6　选择"管理字体"选项

　　在弹出的"管理字体"对话框中选择"自定义字体堆栈"选项卡，在"可用字体"列表框中选择需要的中文字体，如选择"仿宋"选项，如图 2.1.7 所示，单击 << 按钮，刚才选择的字体会出现在"选择的字体"列表中，单击"完成"按钮，"仿宋"字体已经加入属性检查器的"字体"下拉列表中，如图 2.1.8 所示。

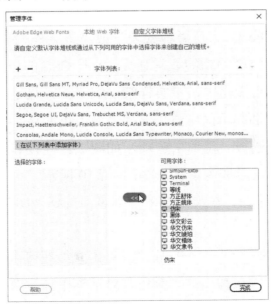

图 2.1.7　选择"仿宋"选项

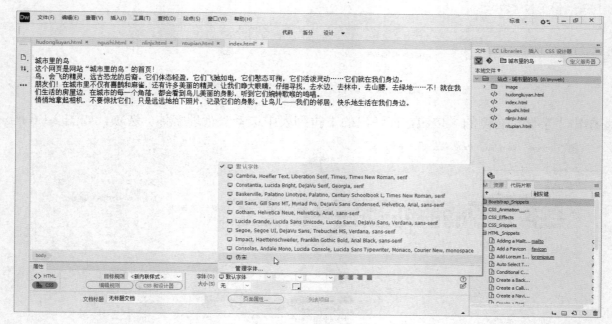

图 2.1.8　添加"仿宋"字体

使用同样的方法，可以将"宋体""黑体""隶书""楷体"等字体都添加到属性检查器的"字体"下拉列表中。需要注意的是，由于其他操作系统上不一定装有与你相同的字体，因此不要将一些特殊的字体加入列表中使用，如果确实需要使用特殊字体，则可以将文字做成图片后再使用。

子项目 3　设置文字

在设置字体和字号前，首先要明确是否在 CSS 模式下进行操作。可以发现，属性检查器中包括 HTML 和 CSS 两种模式。Dreamweaver 将文字的许多操作整合到 CSS 模式中，在 CSS 模式中对文字进行设置时，可以使用其内联样式，也可以新建 CSS 规则以便用户使用。

CSS（Cascading Style Sheets，"层叠样式表"或"级联样式表"）是一组格式设置规则，用于控制 Web 页面的外观。CSS 的功能非常强大，关于 CSS 的相关知识会在后面的内容中进行介绍。因此，在下面的项目操作中，不会详细讲解 CSS，只是展示相关操作步骤。

首先在 Dreamweaver 文档编辑区中选中文字"城市里的鸟"，然后单击"字体"右侧的∨按钮，在弹出的下拉列表中选择"黑体"选项，如图 2.1.9 所示。

此时可以发现文字字体已经变为黑体，如图 2.1.10 所示。

单击"大小"右侧的▼按钮，在弹出的下拉列表中选择"16"选项设置字号，如图 2.1.11 所示。

在属性检查器中，首先切换到 HTML 模式，单击 **B** 按钮可以将文字设置为加粗，然后切换到 CSS 模式，单击▢按钮，在弹出的"颜色"对话框中任意选择一种颜色，可以更改文字的颜色，如图 2.1.12 所示。

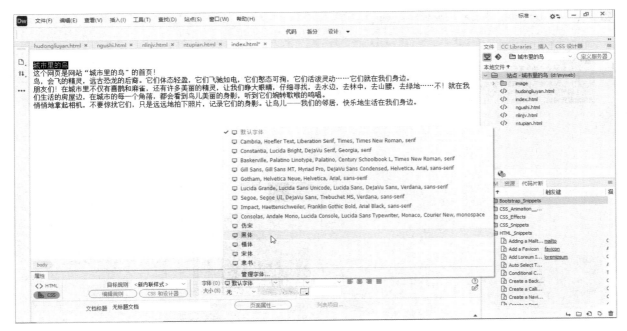

图 2.1.9　选择"黑体"选项

城市里的鸟
这个网页是网站"城市里的鸟"的首页！
鸟，会飞的精灵，远古恐龙的后裔。它们体态轻盈，它们飞驰如电，它们憨态可掬，它们活泼灵动……它们就在我们身边。
朋友们！在城市里不仅有喜鹊和麻雀，还有许多美丽的精灵，让我们睁大眼睛，仔细寻找，去水边，去林中，去山腰，去绿地……不！就在我们生活的房屋边，在城市的每一个角落，都会看到鸟儿美丽的身影，听到它们婉转歌喉的鸣唱。
悄悄地拿起相机，不要惊扰它们，只是远远地拍下照片，记录它们的身影。让鸟儿——我们的邻居，快乐地生活在我们身边。

图 2.1.10　文字字体变为黑体

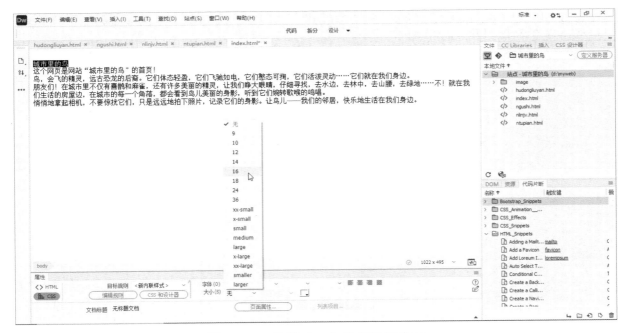

图 2.1.11　选择"16"选项设置字号

做一做

如果想要使用色块以外的文字颜色，则应该怎样操作（注意"颜色"面板中的◉按钮）？

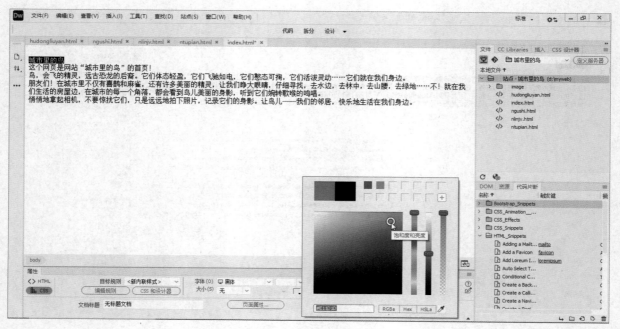

图 2.1.12　更改文字颜色

　　使用同样的方法对网页中的其他文字进行设置，设置为楷体、12 号字，最终效果如图 2.1.13 所示。操作完成后，保存网页。

图 2.1.13　最终效果

子项目 4　段首缩进

　　按照中文的行文习惯，段落首行要空两格，但 Dreamweaver 并不像 Word 一样具备首行缩进功能。Dreamweaver 只允许在文字的后面通过按 Space 键来插入空格，在段首按 Space 键是无法插入空格的，也就不能采用连续按 Space 键的方式来实现段首空两格。

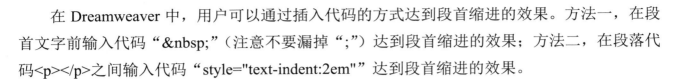

在 Dreamweaver 中，用户可以通过插入代码的方式达到段首缩进的效果。方法一，在段首文字前输入代码" "（注意不要漏掉";"）达到段首缩进的效果；方法二，在段落代码<p></p>之间输入代码"style="text-indent:2em""达到段首缩进的效果。

1. 输入代码" "

首先需要切换到代码编辑状态，单击文档工具栏中的"拆分"按钮，从"设计"视图切换到"拆分"视图，如图 2.1.14 所示。此时，Dreamweaver 窗口被分为上、下两部分，上半部分为文档编辑区，下半部分为代码编辑区，如图 2.1.15 所示。

图 2.1.14　切换到"拆分"视图

图 2.1.15　拆分 Dreamweaver 窗口

在代码编辑区中找到要进行段首缩进的文字。首先将光标定位在第 3 行文字前，也就是"鸟，会飞的精灵……"那一段文字前，然后在该位置输入 4 个" "，最后在文档编辑区单击，可以看到文档编辑区的段首出现了空格，如图 2.1.16 所示。在代码编辑区选中" "，相应地，文档编辑区的空格会被涂黑，说明两者之间是同步的。

图 2.1.16　设置段首文字缩进

读一读

nbsp 即 non-breaking space，是不割断空白的意思。它与一般的空格有所区别，可以阻止浏览器在此处自动换行，或者把多个空格压缩成一个空格。

在通常情况下，一个" "代表一个空格，但使用" "插入空格的宽度会受到当前字体及分段方式（如使用 Enter 键分段和使用 Shift+Enter 组合键分行）的影响。因此，本实例中插入了 4 个" "而不是两个" "。

选择菜单栏中的"文件"→"保存"命令，将网页文件保存。单击文档工具栏中的"设计"按钮，切换到设计编辑状态。此时，可以在浏览器中预览具体的效果。

选择菜单栏中的"文件"→"实时预览"→"Microsoft Edge"命令，在浏览器中打开网页，可以看到段首已经缩进两格，效果如图 2.1.17 所示。

通过 Enter 键和 Shift+Enter 组合键的灵活使用，可以调整行间距，但这种方法比较呆板，尤其是使用 Shift+Enter 组合键的方式，因为它实际上并不是分段，而是分行，所以在设置文字时可能会带来麻烦。后文将介绍如何利用 CSS 样式表来更改行间距和段间距，使文字的段落设置更加合理。

图 2.1.17　预览效果

2. 输入代码"style="text-indent:2em""

利用标签的 style 属性,为包含文字的标签元素添加代码"style="text-indent:2em"",可以实现首行缩进 2 个字符。text-indent 用于设置文本块中首行文本的缩进。2em 用于设置当前字体的字号。

在代码编辑区将上述实例中的" "删除,在要缩进的文字前输入代码"<p style="text-indent:2em;font-family:'楷体'">"。这行代码的意思是从段落开始处,段落首行缩进 2 个字符,段落中的文字字体为楷体,如图 2.1.18 所示。

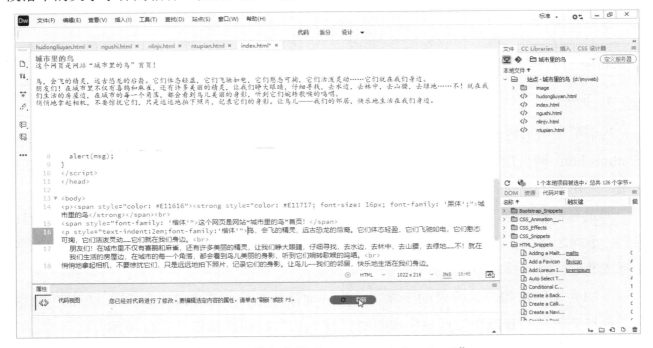

图 2.1.18　输入代码"style="text-indent:2em""

在文档编辑区中单击，可以发现段首已经空出 2 个字符，如图 2.1.19 所示。

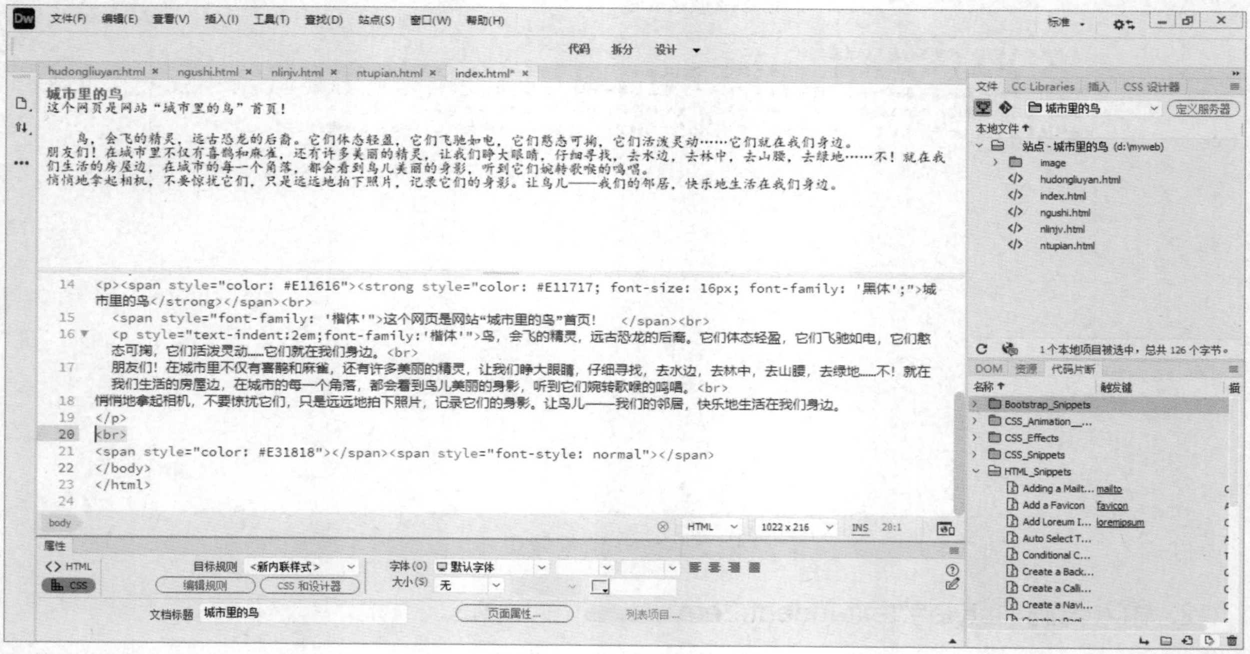

图 2.1.19　段首空出 2 个字符

需要注意的是，由于网页中的文字是以 Shift+Enter 组合键的方式分行的，虽然看起来文字被分为了 3 段，本质上还是一个段落，因此只能在第一行的开头缩进 2 个字符。

使用插入代码" "的方法可以保证在行间距不太大的情况下，实现首行缩进 2 个字符；使用插入代码"style="text-indent:2em""的方法，必须以 Enter 键分段的方式，但这会造成段落内行间距不大、段间距比较大的情况。究竟使用哪一种方法，需要根据具体情况分析，灵活使用。

子项目 5　列表与缩进

1. 列表

当需要在网页内逐条显示一些并列的内容时，最好采用列表的方式。如图 2.1.20 所示，在 nlinjv.html 网页顶部输入城市里常见鸟的分类，并在后续制作中将它们与相应的介绍链接起来。采用列表方式后，会让这几种鸟的分类看上去更加条理清晰。

列表有两种类型：项目列表和编号列表。它们都可以用来突出显示文档中的重要内容或步骤，不同之处在于，项目列表使用圆点、箭头等符号来标记每个项目；编号列表使用数字、字母或其他按时间排序的格式来标记每个项目。

下面为文字添加项目列表的步骤。首先移动鼠标指针，选中要添加列表的文字，然后在属性检查器的"HTML"标签中单击"无序列表"按钮，如图 2.1.21 所示。

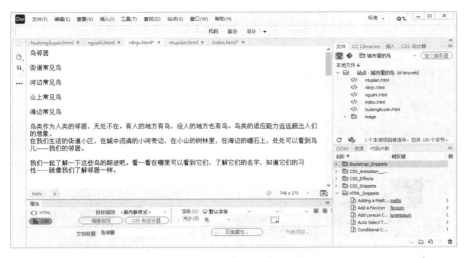

图 2.1.20 输入 4 行文字

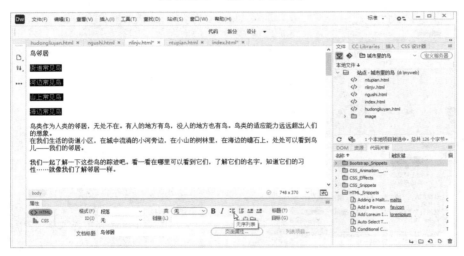

图 2.1.21 单击"无序列表"按钮

设置完成后，选中的文字前面会出现黑色圆点标记，效果如图 2.1.22 所示。由于项目列表是以段落为依据的，因此在使用项目列表时，要使用 Enter 键的分行方式，如果使用 Shift+Enter 组合键的分行方式，则只有第 1 行文字前面有黑色圆点标记。

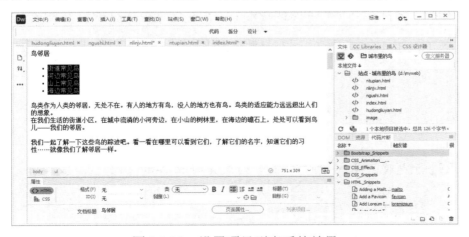

图 2.1.22 设置项目列表后的效果

Dreamweaver 还可以对项目列表的样式进行更改。选中设置好的项目列表文字并右击，在弹出的快捷菜单中选择"列表"→"属性"命令，如图 2.1.23 所示。弹出如图 2.1.24 所示的"列表属性"对话框。在该对话框中，将"列表类型"设置为"项目列表"，"样式"设置为"正方形"，单击"确定"按钮。

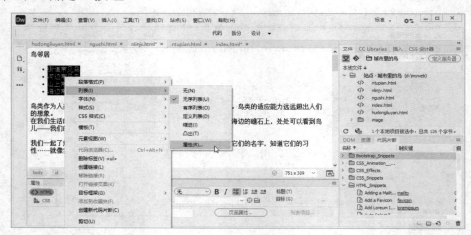

图 2.1.23　选择"属性"命令

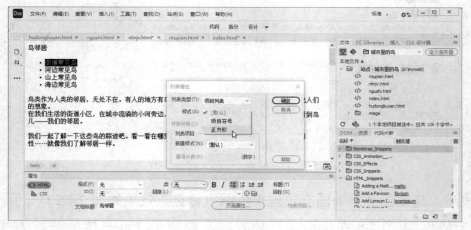

图 2.1.24　"列表属性"对话框

此时可以发现，项目列表前面的黑色圆点已经变为黑色正方形，如图 2.1.25 所示。

图 2.1.25　更改项目列表样式

对项目列表进行更改，看一看使用编号列表是什么样的。

2. 缩进

使用缩进设置文字可以突出显示文档中的重要的内容，使一些文字可以像列表一样整齐排列，并且处于显眼位置。

在网页底部输入一些表示版权信息的文字"© 2022－2023　本网站版权由学校爱鸟协会所有；E-mail：ainiaoxiehui2022@163.com"。选中这些文字，将鼠标移动到属性检查器上，在保证属性检查器处于"HTML"标签的情况下，单击"内缩区块"按钮，如图 2.1.26 所示，文字会向右移动。

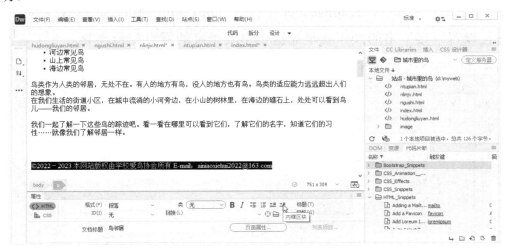

图 2.1.26　单击"内缩区块"按钮

如果缩进的距离过大，则可以单击"删除内缩区块"按钮来调整，如图 2.1.27 所示。可以发现，缩进后的文字更容易引起浏览者的注意。设置完之后，保存网页。

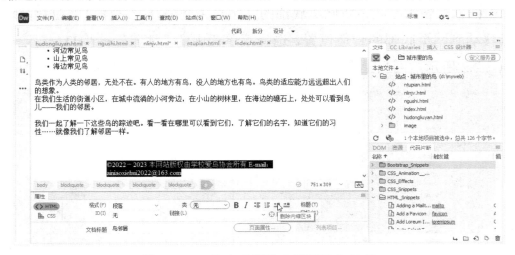

图 2.1.27　单击"删除内缩区块"按钮

项目 2　美化网页

美化网页最简单的方法就是在网页中添加图片。除了文字，图片是网页中最重要的构成元素，有了图片可以使网页内容更加生动，同时可以表达一些文字表达效果欠佳的内容，使网页内容的表达更加直观、一目了然。设置背景色和背景图片，仿佛给网页穿上了漂亮的外衣，使网页不再单调。

本项目通过为 index.html 网页添加水平线、图片、背景等元素，初步达到美化网页的目的。

子项目 1 插入水平线

如图 2.2.1 所示，首先在 Dreamweaver 中打开 index.html 网页，并输入一些文字，然后对这些文字进行设置。接下来的操作就是让这个白底黑字的网页变得漂亮。

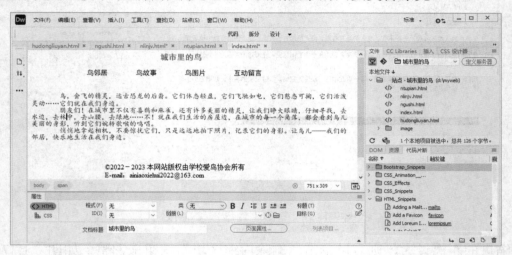

图 2.2.1 index.html 网页

在网页中插入一条水平线，将网页底部的文字与正文分开，这样可以使网页段落分明。

将光标移动到网页底部的合适位置，选择菜单栏中的"插入"→"HTML"→"水平线"命令，如图 2.2.2 所示，网页上会自动插入一条水平线，如图 2.2.3 所示。

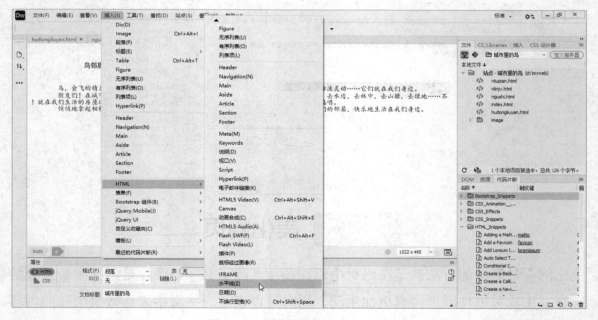

图 2.2.2 选择"水平线"命令

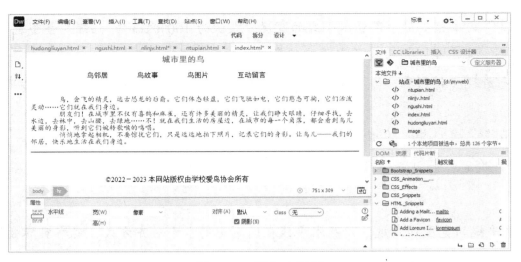

图 2.2.3　插入水平线

单击该水平线，水平线会被选中，颜色也会发生变化，水平线的属性检查器显示了水平线的相关内容，如图 2.2.4 所示。在水平线的属性检查器中可以修改水平线的宽度和高度，以及水平线在网页中的对齐方式。图 2.2.5 所示为将水平线"宽"设置为"480 像素"，"高"设置为"5"，"对齐"设置为"居中对齐"。

图 2.2.4　水平线的属性检查器

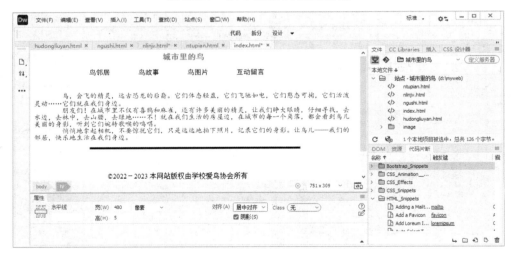

图 2.2.5　设置水平线属性检查器中的参数

读一读

在水平线的属性检查器中，主要包括以下几个选项设置。

（1）"水平线"文本框：用于指定水平线的 ID，也就是水平线的名称，只能用英文字符和数字命名。

（2）"宽"文本框：用于设置水平线的宽度，默认为 100%显示，也就是整个窗口的长度。

（3）"高"文本框：用于设置水平线的高度。

（4）"对齐"下拉列表：用于设置水平线的对齐方式，包括默认、左对齐、居中对齐和右对齐。

（5）"阴影"复选框：为水平线加阴影，使水平线更有立体感。

（6）"Class"下拉列表：用于选择应用在水平线上的样式。

修改水平线的宽度和高度，以及水平线在网页中的水平对齐方式，观察实际效果。

通过修改代码可以更改水平线的颜色，让水平线看起来更加美观。单击"拆分"按钮，将视图切换到拆分状态，此时 Dreamweaver 窗口上半部分为"设计"视图，下半部分为"代码"视图，如图 2.2.6 所示。

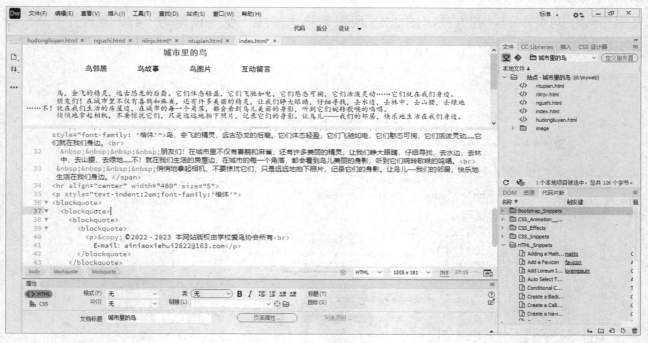

图 2.2.6　窗口被分为两部分

在窗口上半部分移动垂直滚动条，找到并选中水平线，此时可以发现，下半部分的代码中有一行被突出显示，如图 2.2.7 所示。

在<hr align="center" width="480" size="5">这行代码中，align="center"表示居中显示；width="480"表示宽度为 480 像素；size="5"表示高度为 5 像素。此时，如果添加 color="red"，就可以把水平线设置为红色。完整的代码为<hr align="center" width="480" size="5" color="red" >，如图 2.2.8 所示。

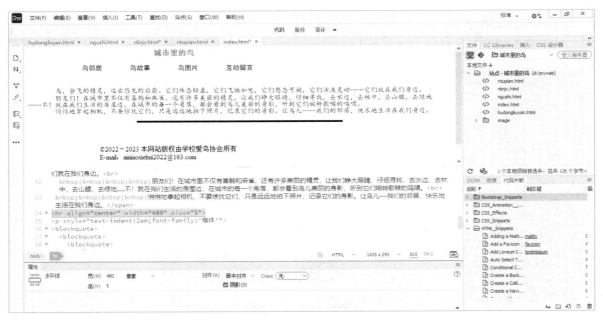

图 2.2.7 水平线代码被突出显示

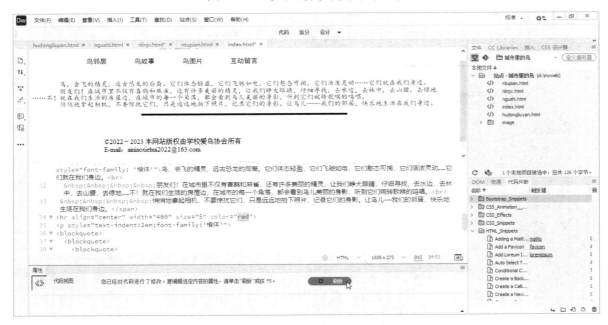

图 2.2.8 添加设置水平线颜色的代码

此时，在 Dreamweaver 中是不能看到水平线颜色的，因为这行代码是针对浏览器的，所以想要看到水平线的颜色，必须在浏览器中预览。图 2.2.9 所示为将水平线颜色设置为红色后的效果。

如果想要设置其他颜色，如不是纯正的红色，则可以在代码编辑区选中"red"并右击，在弹出的快捷菜单中选择"快速编辑"命令，如图 2.2.10 所示。

在弹出的"颜色"对话框中选择一种颜色，如图 2.2.11 所示。在文档编辑区单击，"颜色"对话框就会关闭。此时可以发现，代码中的"red"已经变为"#BF2222"，也就是更改颜色的代码，如图 2.2.12 所示。

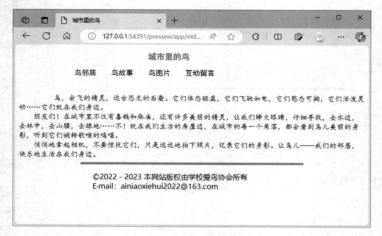

图 2.2.9　将水平线颜色设置为红色后的效果

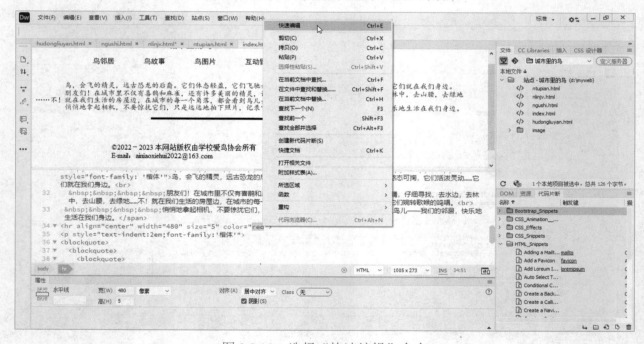

图 2.2.10　选择"快速编辑"命令

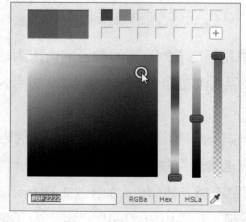

图 2.2.11　选择颜色

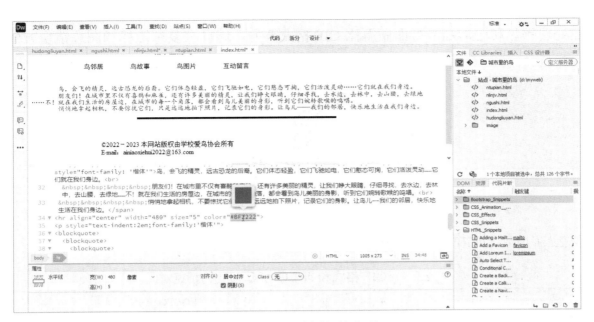

图 2.2.12　更改颜色的代码

接下来，在浏览器中预览网页就可以看到新设置的水平线颜色。

如何删除水平线呢？其实很简单，只需选中水平线，按 Delete 键即可。

在实际应用中，水平线的使用频率正在减少，取而代之的是图片，因为图片的颜色更丰富、形象更生动。子项目 2 将介绍插入图片的方法。

子项目 2　插入图片

1. 图片格式

使用 Windows 会有一个感觉：图片的基本格式是 BMP。BMP 格式的图片应用非常广泛，由于这种图片格式没有压缩，因此往往体积较大。图片有多种格式，互联网上应用最广泛的图片格式有 3 种，分别为 GIF 格式、JPEG 格式和 PNG 格式。

GIF（Graphics Interchange Format）是第一种被 WWW（World Wide Web）所支持的图片格式，它采用 LZW 压缩算法，存储格式从 1 位到 8 位，最多支持 256 种颜色。另外，GIF 格式中的 GIF89a 格式可以存放多张图片，凭借这一功能，它可以实现简单的动画效果。GIF 格式的文件体积相对较小，常用于自绘图。图标、按钮、滚动条和背景等使用场景，如图 2.2.13 所示。

图 2.2.13　自绘图

JPEG 或 JPG（Joint Photographic Experts Group）格式主要应用于摄影图片的存储和显示（见图 2.2.14），是一种静态影像压缩标准。与 BMP 格式、GIF 格式不同，JPEG 格式采用有损压缩标准，即在压缩过程中损失了一些图片信息，而且压缩比越大，损失越大，但这些压缩引起的信息丢失是人眼所难以察觉的。JPEG 格式是专门为有几百万种颜色的图片和图形设计的，在处理颜色和图形细节方面做得比 GIF 格式要好，因此在复杂徽标和图片镜像方面的使用更为广泛。

图 2.2.14　摄影图片

表 2.2.1 所示为 GIF 格式和 JPEG/JPG 格式的特点对比。

表 2.2.1　GIF 格式和 JPEG/JPG 格式的特点对比

特点	GIF 格式	JPEG/JPG 格式
色彩	16 色、256 色	真彩色
特殊功能	透明背景、动画效果	无
压缩是否有损失	无损压缩	有损压缩
适用范围	颜色有限，主要以漫画图案或线条为主，一般表现建筑结构图或手绘图	颜色丰富，具有连续的色调，一般表现真实的事物

PNG（Portable Network Graphics，便携式网络图形）是一种无损压缩的位图格式，其的压缩比高、生成的文件体积小。PNG 格式有很多优点：支持无损压缩，保证不会因为压缩而降低图像质量；支持透明，可以实现半透明或完全透明的效果；支持多种颜色方案，可以根据图像内容选择合适的颜色方案来节省存储空间；支持元数据，可以在文件中嵌入文本信息或其他数据；支持动画，可以代替 GIF 格式，实现动画效果。PNG 格式还有一个优点是，只需下载图像的 1/64，就可以在网页中显示一个低分辨率的图片，随着图片信息的不断下载，图片也会越来越清晰。

显然，PNG 格式在网络环境不佳的情况下其图片效果会更加明显。目前，PNG 格式已经成为互联网中的主流图片格式。

2.添加图片

下面介绍在主页左上角插入网站徽标图片的方法。首先在插入图片处单击，确定光标位置，然后选择菜单栏中的"插入"→"Image"命令，如图 2.2.15 所示。

在弹出的"选择图像源文件"对话框左侧找到存放图片的文件夹，并在右侧选择要插入的图片，单击"确定"按钮，如图 2.2.16 所示。

因为图片在"网站素材"文件夹中，并没有在网站文件夹中，所以 Dreamweaver 会弹出一个提示对话框，询问是否将该图片保存到网站文件夹中，单击"是"按钮即可，如图 2.2.17 所示。同时会弹出"复制文件为"对话框。

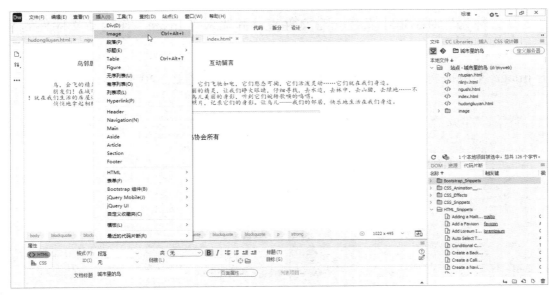

图 2.2.15　选择 "Image" 命令

图 2.2.16　选择要插入的图片

图 2.2.17　单击 "是" 按钮

目前网站中只有网页文件，为了方便管理网站，最好将图片、动画、声音等文件保存在另一个新文件夹中，这样可以保持网站根目录的整洁。在 "复制文件为" 对话框中单击 "新建文件夹" 按钮，如图 2.2.18 所示。

图 2.2.18　单击 "新建文件夹" 按钮

在"复制文件为"对话框中新建一个文件夹，并输入"image"作为新文件夹的名称，如图 2.2.19 所示。

双击 image 文件夹将其打开，单击"保存"按钮，如图 2.2.20 所示。

图 2.2.19　输入新文件夹的名称

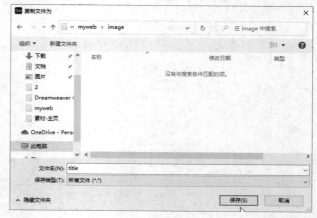

图 2.2.20　单击"保存"按钮

此时，可以看到图片被插入网页中，效果如图 2.2.21 所示。

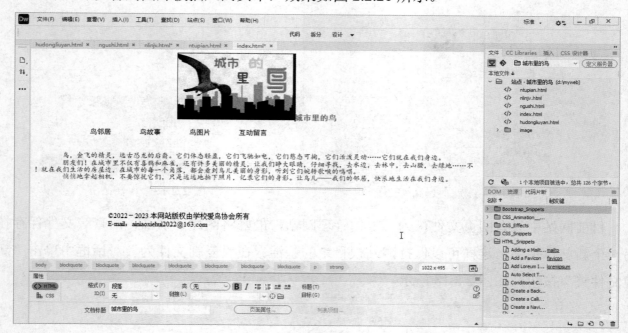

图 2.2.21　图片被插入网页中的效果

子项目 3　设置图片

插入图片后，还需要对图片进行调整，以达到更好的视觉效果。下面介绍如何设置图片。

单击图片，让图片被一个矩形框住，同时出现 3 个小的实心矩形。将鼠标指针移动到图片右下角，当鼠标指针变为双向箭头时，移动鼠标指针就可以更改图片大小，如图 2.2.22 所示。

图 2.2.22　移动鼠标指针更改图片大小

在单击图片时，其属性检查器会被同时打开，如图 2.2.23 所示。我们可以在图片属性检查器中更改图片信息，如图片大小等。在"替换"文本框中可以输入"城市里的鸟"。这样，当由于网络速度慢等原因，图片不能正常下载时，图片区域会显示"城市里的鸟"这几个字，从而不会影响网页的整体浏览效果。

图 2.2.23　图片属性检查器

保存网页后，在浏览器中预览网页，效果如图 2.2.24 所示。

图 2.2.24　预览效果

子项目 4　设置网页背景

除了可以将图片插入网页的特定位置，帮助文字表达网页内容，还可以将其作为背景图片来美化网页。需要注意的是，一些特殊类型的图片并不能被很好地支持，应该在使用前通过某些图片编辑软件将其转换为 JPG、GIF 或 PNG 等格式。另外，图片的体积也不能太大，同时要保证它被存放在"网站素材"文件夹中。

在编辑窗口中打开 index.html 主页。在文档编辑区右击，并在弹出的快捷菜单中选择"页面属性"命令，如图 2.2.25 所示，弹出"页面属性"对话框。

图 2.2.25　选择"页面属性"命令

在"页面属性"对话框中可以设置文字颜色和背景颜色等，如图 2.2.26 所示。单击"背景颜色"右侧的▢按钮，弹出"颜色"对话框，选择一种颜色，将网页背景颜色设置为该颜色。

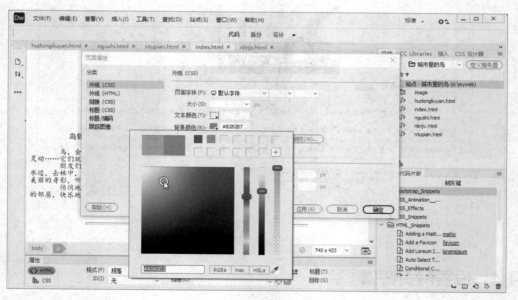

图 2.2.26　设置背景颜色

需要注意的是，如果不对背景颜色及文字颜色进行设置（此时 RGB 色值显示为空），则浏览器在显示页面时，会采用系统的默认设置。因为不同系统的设置可能会有所区别，所以就会导致页面的显示效果千差万别。为了让页面更好地体现出用户的设计风格，设置页面的背景颜色及文字颜色就显得非常重要。

图 2.2.27 所示为设置背景颜色后的网页效果。

图 2.2.27　设置背景颜色后的网页效果

虽然背景颜色为网页增色不少，但是毕竟过于单调，所以使用频率越来越低。插入背景图像可以使网页更加具有个性化。在文档编辑区右击，并在弹出的快捷菜单中选择"页面属性"命令，弹出"页面属性"对话框。

在"页面属性"对话框中单击"背景图像"文本框右侧的"浏览"按钮，如图 2.2.28 所示。

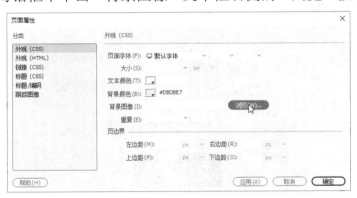

图 2.2.28　单击"浏览"按钮

在弹出的"选择图像源文件"对话框中打开存放素材文件的文件夹，选择图像文件，单击"确定"按钮，如图 2.2.29 所示。

与插入图片的操作方法相同，因为图片并不在网站中，所以 Dreamweaver 会弹出一个提示对话框，询问是否将该图片保存到网站中，单击"是"按钮，在弹出的"复制文件为"对话框中将图片保存到网站站点的 image 文件夹中，如图 2.2.30 所示，单击"保存"按钮。

返回"页面属性"对话框，单击"确定"按钮，效果如图 2.2.31 所示。

在默认状态下，背景图片覆盖在背景颜色之上。因此，在设置完背景图片后，背景颜色是看不到的。

图 2.2.29　选择图像文件　　　　　　　图 2.2.30　"复制文件为"对话框

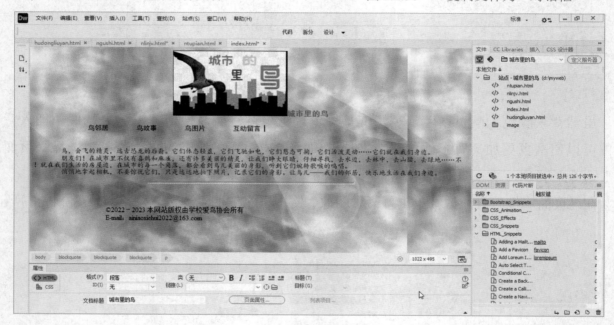

图 2.2.31　添加背景图片后的网页效果

习题 2

1．在编辑网页时，按 Enter 键和按 Shift+Enter 组合键在效果上有什么不同？

2．属性检查器有哪两种标签？在哪一个标签下可以设置字体和字号？

3．用插入空格的方法实现段首缩进 2 个字符，插入的代码是什么？用设置段落的方法实现段首缩进 2 个字符，插入的代码是什么？

4．分别在什么情况下使用列表与缩进？

5．浏览一下 Dreamweaver 窗口的"代码"视图，写出插入水平线的代码。

6．互联网上常用的 3 种图片格式是什么？各自有什么特点？

7．在编辑网页时，如果同时设置背景颜色与背景图片，则浏览器会显示哪种？

第  章

网页布局

项目 1　网页布局的相关知识

当我们在网上浏览时，经常对一些网站记忆犹新。有的网站让人感觉清新雅致，有的网站让人感觉厚重古朴，有的网站让人轻易被吸引，有的网站让人很快找到自己想要的信息……为何会有这么多不同的感受？这是由网站的风格和布局决定的。

子项目 1　网站的风格

在对网页插入各种对象和修饰效果前，一定要先确定网站风格和网页布局。也就是说，要先确定网站的总体风格，并对网页布局进行规划，这样才能保证网站中各个网页的统一。在对网页进行规划时，有必要了解一些常见的网站风格和网页布局。

图 3.1.1 所示为网上书店的网页截图。通过观察我们可以发现，网页的内容丰富、色彩鲜艳，并且有大幅广告和浮动的"客服"悬停图片链接。

图 3.1.1　网上书店的网页截图

图 3.1.2 所示为网络在线学习平台的网页截图。与"网上书店"相比，这个学习平台内容比较单一，但是非常有条理且栏目突出，使浏览者可以很容易地搜索到自己关心的内容。

图 3.1.2   网络在线学习平台的网页截图

图 3.1.3 所示为旅行网站的首页截图，该网站功能比较单一，看起来也比较简单，采用一幅图片作为主页的主要内容，仅有几个打开其他网页的超链接文字，但是感觉非常清新。输入想去的城市后，网站左侧会展示该城市的景点、美食、住宿、购物及娱乐信息，只需选择自己感兴趣的内容，并将其拖动到右侧的旅行计划中即可。浏览者不仅可以创建自己的旅行计划，还可以将旅行中的游记添加到网站中，甚至具有同步到新浪微博的功能。简单、明快、自由、实用是这个网站的特点。

图 3.1.3   旅行网站的首页截图

3 个主页有 3 种风格，没有优劣之分，只是网站的性质与风格有着根本的区别。"网上书店"采用鲜艳的色彩吸引浏览者的注意，具有一定的商业目的，所以广告是少不了的。"网络在线学习平台"是一个服务性质的网站，主要为用户提供学习或培训服务等，所以它无须借助各种手段吸引浏览者，需要服务的用户自然会来。"旅行网站"显然更具有个性色彩，网页中的文字很少，也没有广告，却留有大量的空白，给人以想象的空间，该网站提供的专一且专业的服务，是吸引浏览者的关键。

子项目 2　网页布局实例

在确定网站风格后，就可以确定网页布局。所谓网页布局，通俗地说，就是确定网页上的网站标志、导航栏和菜单等元素的位置。不同网页上各种网页元素所处的地位不同，其位置也会不同。在通常情况下，重要的元素都放在突出位置。

一般来说，首页应该有站点的介绍、各个网页的功能和超链接。所以，要在首页上设计一个站点导航栏，而这个导航栏应该遵循整个站点的导航规划，表现上力求新颖、实用。另外，导航栏的位置直接决定了网页布局。

简单划分，网页布局一般可以分为"同"字形、标题正文形、分栏形、网格形和封面形等。下面通过浏览一些网页，了解各种网页布局类型的特点。

图 3.1.4 所示为"同"字形结构网页。"同"字形结构起源于一种简单的布局结构——"厂"字形结构，随着宽屏显示器的广泛应用，"厂"字形结构已经很少使用了。一些大型网站在采用"同"字形结构时，还经常变形为"回"字形结构、"匡"字形结构等，甚至有更加自由的结构。无论如何变形，其特点都是网站的顶部是徽标和图片（广告）栏；下面分为 3 列或多列，两边的两列区域比较小，一般是导航超链接和小型图片广告等；中间是网站的主要内容；底部是网站的版权信息等。

图 3.1.4　"同"字形结构网页

图 3.1.5 所示为标题正文形结构网页，这种结构顶部是网站标识和标题，下面是网页正文，内容非常简单。

图 3.1.6 所示为分栏形结构网页，这种结构一般分为左、右（或上、下）两栏，也可能分为多栏。通常将导航链接与正文放在不同的栏中，这样在打开新的网页时，导航链接栏的内容不会发生变化。

图 3.1.5　标题正文形结构网页

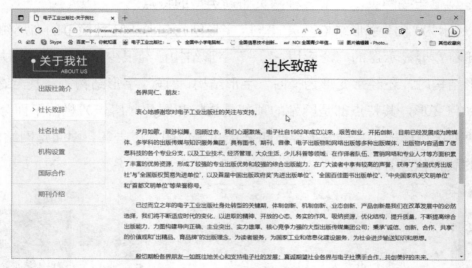

图 3.1.6　分栏形结构网页

图 3.1.7 所示为网格形结构网页，这种结构使用不同大小的网格来表达内容，给人一种整齐的秩序感。使用这种结构可以让不同的网格表达不同的内容，从而减少了文字，保持了内容的有序，提升了整个网页的整齐性。

图 3.1.7　网格形结构网页

图 3.1.8 所示为封面形结构网页，这种结构往往先看到的是一幅图片或动画，在图片或动画的下方有一个进入下一级网页的超链接提示文字。

图 3.1.8　封面形结构网页

子项目 3　网页布局的注意事项

网页布局要符合用户预期，使用用户熟悉的设计元素，同时要突出重要内容和功能。每个区域或元素都要有明确的目的和价值，对用户来说要有意义和帮助。用户可以通过颜色、大小、形状、对齐等方式来强调重点，同时要考虑优化加载速度。如果网页加载速度太慢，就会影响用户的体验和转化率，这就需要减少不必要的内容对象，优化后端代码，提高整个网站的运行效率。

网页布局同样没有优劣之分，但要注意与网站风格相适应，注意整个站点的协调性，注意色调的一致性。下面介绍一些在确定网页风格时需要特别注意的事项。

1. 平衡性

一个好的网页布局应该给人一种安定、平稳的感觉，它不仅表现在文字、图像等元素的空间占用上分布均匀，还表现在色彩的平衡，要给人一种协调的感觉。失去平衡的画面会让人产生不安全的感觉，视觉上也不愿多停留。

2. 对称性

对称是一种美，而我们生活中有许多事物都是对称的，但过度的对称会给人一种呆板、死气沉沉的感觉，所以要适当地打破对称，制造一点变化。

3. 对比性

让不同的形态、色彩等元素相互对比，可以产生鲜明的视觉效果，如色彩对比、图形对比等，往往能创造出富有变化的效果。

4. 疏密度

网页布局要做到疏密有度，不要让整个网页布满密集的文字信息或图片，适当留白反而可以强调整个画面的重点部分。对于文字信息，可以通过改变行间距、字间距来制造一些变化效果。

5. 反复性

反复就是不断地出现。例如，利用几个有规律的小色块在网页中上、下、左、右延伸排列，这就是反复之美；利用大小相同的图片进行反复排版，这也是反复之美。

6. 韵律感

具有相同特性的对象，如点、圆、线条等在沿曲线反复排列时，就会产生韵律感，使画面显得轻盈且富有灵气。

7. 颜色搭配

网页中的颜色搭配也非常重要，一般不要用对比强烈的颜色搭配作主色，主色的颜色也尽量控制在 3 种以内，背景和内容的对比要明显，尽可能少地使用花纹复杂的图片，以便突出文字。

总之，网页的排版布局是决定网站美观与否的一个重要方面，通过合理的、有创意的布局才可以把文字和图像等内容完美地展现在浏览者面前。

子项目 4   绘制网页布局草图

网页布局通常使用网格系统。网格系统可以将网页划分为不同的区域，并且定义元素之间的大小和位置关系，这样可以使网页看起来更加整齐、有层次、易于阅读。

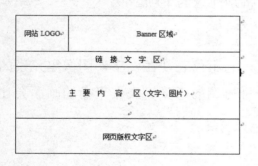

图 3.1.9   网页布局草图

在本实例中，我们可以这样确定网页布局：网站 LOGO 放置在左上角；右侧为 Banner 区域，可以存放图片或动画；下方为链接文字区；中间为主要内容区，用于输入文字或图片；底部为网页版权文字区；如图 3.1.9 所示。

实现这种网页布局常用的方法有两种：一种是使用表格；另一种是使用 Div 元素来布局视图。

项目 2   使用表格规划网页布局

网页中表格的作用主要有 3 种：第 1 种是让网页中的内容变得整齐有序，通过设置表格的行数、列数，以及合并单元格等操作来改变框线、背景色等，从而使网页中的各种元素合理、有序地整合在一起；第 2 种是先利用表格把大的图像拆分为几个小的图像，并按顺序插入表格中，再将表格框线隐藏，达到快速显示图像的目的；第 3 种是利用表格实现网页布局，先将网页元素放置在不同的单元格中，再隐藏框线，从而使浏览者察觉不到表格的存在。

使用表格布局网页一直是一种应用比较广泛的方式。

子项目 1　在网页中插入表格

下面在"鸟故事"这个网页中进行操作，该网页的文件名是 ngushi.html，这是一个空白的网页，在完成网页布局规划后，可以将这个网页的布局应用到其他网页中。

打开 Dreamweaver，在默认情况下，网站会自动打开。双击 ngushi.html 网页文件将其打开，如图 3.2.1 所示。

图 3.2.1　打开 ngushi.html 网页文件

首先在 ngushi.html 网页中单击，确定光标位置，然后选择菜单栏中的"插入"→"Table"命令，如图 3.2.2 所示，弹出"Table"对话框，如图 3.2.3 所示。

图 3.2.2　选择"Table"命令

图 3.2.3　"Table"对话框

读一读

"Table"对话框中有多个数值是可以改变的，其主要含义如下。

（1）"行数"和"列"是指表格中有多少行和多少列。

（2）"表格宽度"是指整个表格的宽度，单位可以是像素，也可以是百分比。按照像素定义的表格大小是固定的；而按照百分比定义的表格，会根据浏览器的大小而变化。

（3）"边框粗细"是指表格线的宽度。

（4）"单元格边距"是指单元格内的文字与框线之间的距离。单元格是指表格中的每一个小格。

（5）"单元格间距"是指各个单元格之间的距离。

设置"行数"为"4"，"列"为"2"，"表格宽度"为"200 像素"，"边框粗细"为"1"像素，单击"确定"按钮，插入表格，如图 3.2.4 所示。

图 3.2.4　插入表格

表格的高度和宽度是可以改变的。将鼠标指针移动到表格框线上，当鼠标指针变为 ⟷ 形状时，移动鼠标指针到合适的位置后，释放鼠标左键即可。图 3.2.5 所示为调整行高和列宽后的表格效果。

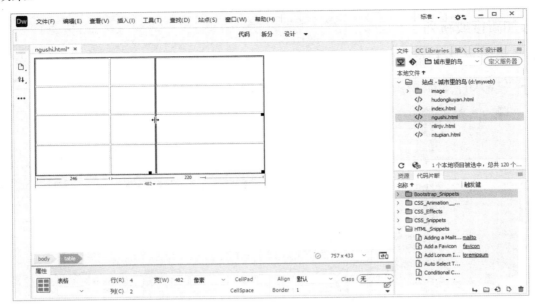

图 3.2.5　调整行高和列宽后的表格效果

做一做

在默认情况下，表格的行高和列宽都是相等的。在本实例中，如果想要表格左侧一列比右侧一列窄一些，并且各行的高度也略有不同，则可以参考图 3.1.9 中的网页布局草图来进行设置。表格的最终效果如图 3.2.6 所示。

图 3.2.6　表格的最终效果

子项目 2　制作不规则表格

当表格制作完成后，出于各种需求，我们经常需要对表格进行调整。下面介绍在表格中添加新行或新列、删除行或列、合并单元格、拆分单元格的方法。

1．添加新行或新列

首先单击表格最下面一行，使光标出现在该行中，然后右击，在弹出的快捷菜单中选择"表格"→"插入行"命令，如图 3.2.7 所示。此时，会在表格的下方插入一行。

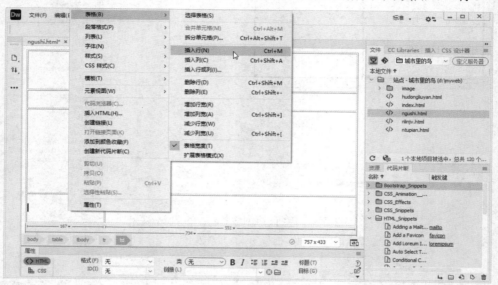

图 3.2.7　选择"插入行"命令

当需要在光标所在行上方插入一行时，就要考虑新插入的行与光标所在行的关系，此时就不适合使用"插入行"命令了。重复上面的操作，在选中行上右击，在弹出的快捷菜单中选择"表格"→"插入行或列"命令，弹出"插入行或列"对话框，如图 3.2.8 所示。

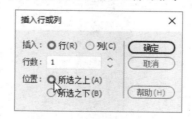

图 3.2.8　"插入行或列"对话框

在"插入行或列"对话框中选中"行"单选按钮，在"行数"数值框中输入"1"，选中"所选之上"单选按钮，单击"确定"按钮，就可以在光标所在行的上方插入一行。熟练掌握在特定位置插入新行的方法，对于调整有内容的表格非常关键。

插入列的操作方法与插入行的操作方法基本相同，请在两列之间插入一个新列，宽度与第 1 列相同，如图 3.2.9 所示。

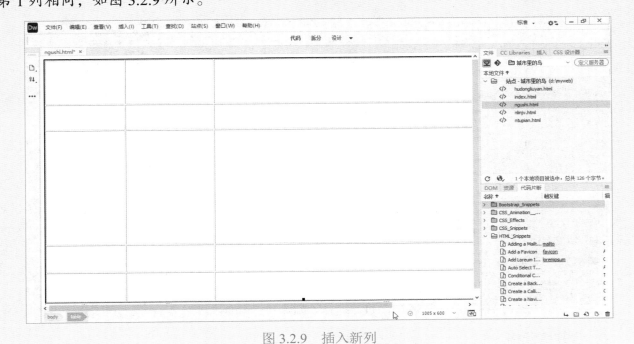

图 3.2.9　插入新列

2. 删除行或列

有时，需要删除一些行或列。下面将新插入的行删除，其操作步骤如下。

首先单击表格，使光标出现在被删除的行中，然后右击，在弹出的快捷菜单中选择"表格"→"删除行"命令，如图 3.2.10 所示。

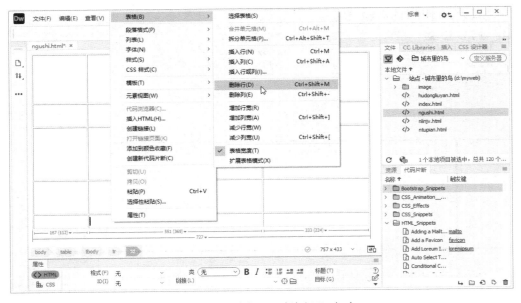

图 3.2.10　选择"删除行"命令

将刚才插入的第 2 列删除，其操作方法与删除行的操作方法基本相同，如图 3.2.11 所示。

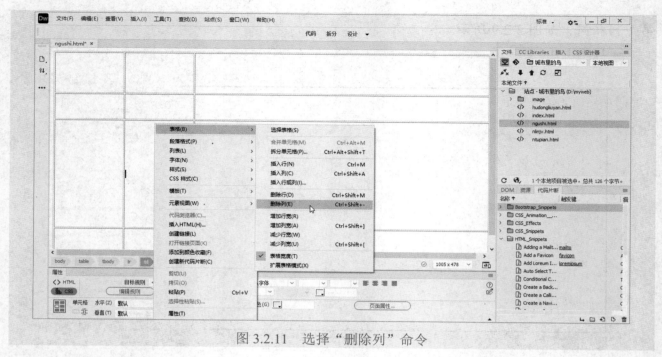

图 3.2.11　选择"删除列"命令

3. 合并单元格

与 Word 一样，我们可以对表格中的单元格进行合并和拆分操作，通过这些操作可以将一个规则的表格变为一个不规则的表格。

现在将表格中的第 3 行单元格合并为一个。同时选中第 3 行单元格，将鼠标指针移动到属性检查器上，单击"合并单元格，使用跨度"按钮，如图 3.2.12 所示。可以看出，被选中的单元格已经合并，如图 3.2.13 所示。

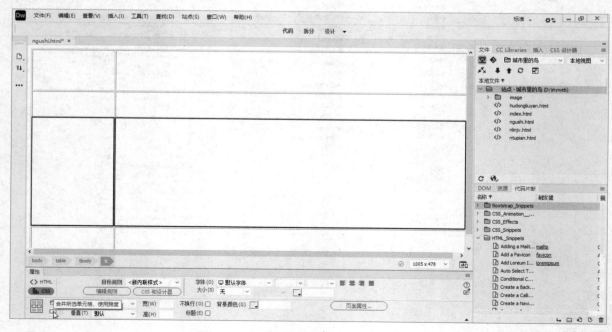

图 3.2.12　单击"合并单元格"按钮

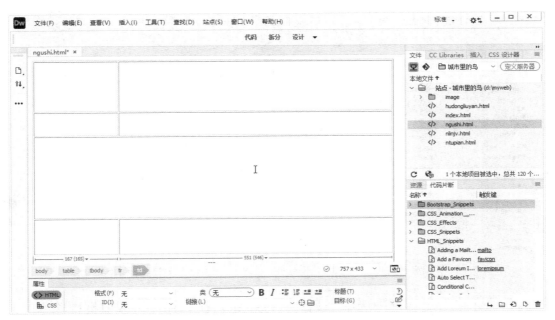

图 3.2.13　合并单元格后的表格

做一做

参照网页布局草图，对表格中的一些单元格进行合并操作，其最终效果如图 3.2.14 所示。

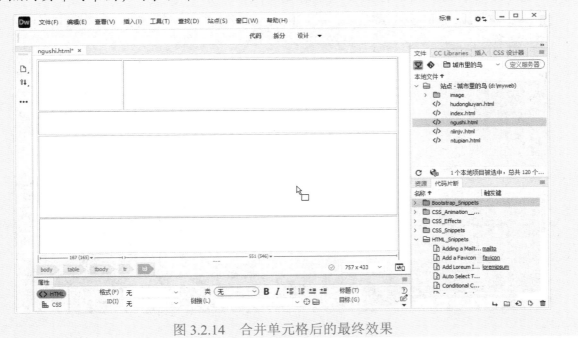

图 3.2.14　合并单元格后的最终效果

4. 拆分单元格

下面将第 2 行拆分为 5 个单元格。

首先单击表格，使光标出现在第 2 行中，也就是被拆分单元格，然后右击，在弹出的快捷菜单中选择"表格"→"拆分单元格"命令，如图 3.2.15 所示，弹出"拆分单元格"对话框，如图 3.2.16 所示。

图 3.2.15　选择"拆分单元格"命令　　　　　　　　图 3.2.16　"拆分单元格"对话框

在"拆分单元格"对话框中选中"列"单选按钮，在"列数"数值框中输入"5"，单击"确定"按钮。可以看出，第 2 行已被拆分为 5 个单元格，如图 3.2.17 所示。从图 3.2.17 中可以发现，由于第 1 行已被拆分为两列，因此在第 2 行被拆分后，第 2 行中的 5 列宽度是不同的，只有第 2 行第 5 列和第 1 行第 2 列是等宽的。

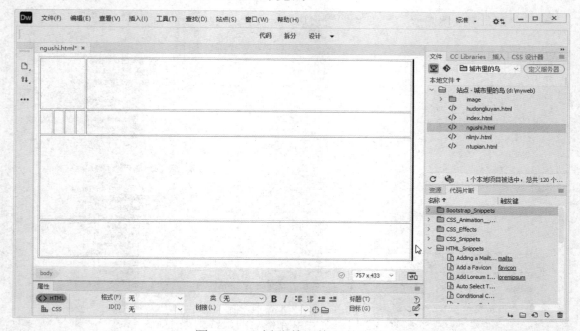

图 3.2.17　拆分单元格后的表格

做一做

按行拆分单元格的操作方法与按列拆分单元格的操作方法基本相同，先将第 4 行单元格拆分为 2 个，再通过合并单元格恢复原状。请读者自行练习一下拆分单元格和合并单元格的步骤。

子项目 3　设置表格和单元格属性

对表格进行的设置主要是在属性检查器中进行的。需要注意的是，在选中表格与单元格时，属性检查器中的内容是不同的。表格属性检查器可用于设置框线的宽度、单元格间距及背景色等。

将鼠标指针移动到表格左上方的外框线上，当鼠标指针变为 🖐 形状时单击，选中整个表格。需要说明的是，当表格被选中后，表格的外框呈粗线显示，同时出现 3 个黑色的小正方形，将鼠标指针放在上面移动，可以更改表格大小。当表格被选中后，Dreamweaver 窗口底部的属性检查器显示的是对整个表格的设置内容，如图 3.2.18 所示。

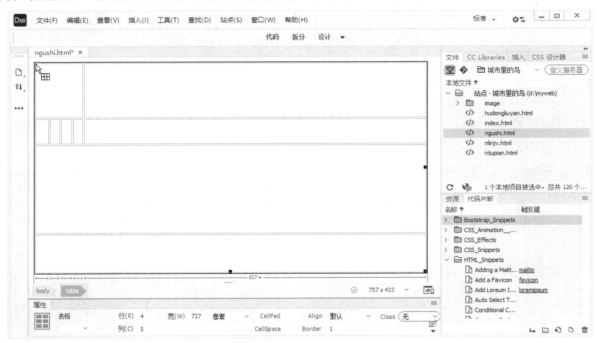

图 3.2.18　选中表格后属性检查器发生变化

在属性检查器中可以设置表格的宽度，有一种方式是设置宽度为 "100%"。"100%" 宽度的意思是无论浏览者打开的浏览器有多大，表格都会占满整个窗口。也就是说，表格的宽度可以随显示器的分辨率自由更改，这样会使网页布局不够统一，甚至会使整齐的网页在一些高分辨率的计算机上显示得很凌乱。

由于目前计算机的分辨率一般在 1920 像素×1080 像素以上，笔记本电脑的分辨率也在 1366 像素×768 像素以上，因此我们可以将表格宽度设置为计算机分辨率的像素数，这样表格的宽度是固定的，无论在哪台计算机上，网页的显示效果都是一样的。

首先在属性检查器中单击 "宽" 文本框右侧的 ˅ 按钮，在弹出的下拉列表中选择 "像素" 选项，然后在 "宽" 文本框中输入 "1000"，如图 3.2.19 所示，在空白处单击可以发现，表格宽度发生了变化。

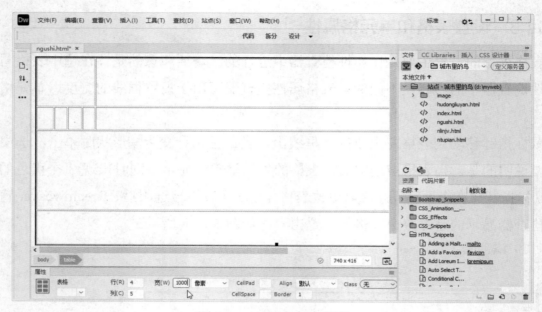

图 3.2.19　更改表格宽度

将表格框线的宽度，即"Border"的值更改为"0"，可以发现表格中的框线变为虚线，这样在浏览器中表格就会被隐藏，如图 3.2.20 所示。

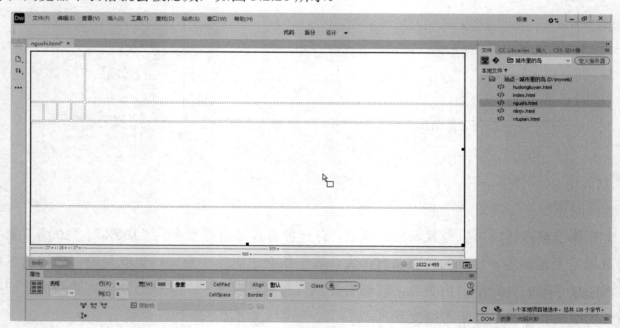

图 3.2.20　表格中的框线变为虚线

读一读

在对表格进行操作时，经常需要选中表格或者选中表格中的某部分，灵活掌握选中表格元素的方法非常重要，可以极大地提高表格的制作效率。

1. 选中表格的方法

方法一：将鼠标指针移动到表格左上方的外框线上，当鼠标指针变为形状时单击，可

以选中整个表格。

方法二：先单击任意一个单元格，再单击 Dreamweaver 窗口底部的"<table>"标签，可以选中整个表格。

方法三：按住 Shift 键的同时单击表格中的任意一个单元格，可以选中整个表格。

方法四：先单击任意一个单元格，再选择菜单栏中的"编辑"→"表格"→"选择表格"命令，可以选中整个表格。

2．选中行或列的方法

方法一：将鼠标指针移动到表格上框线位置，当鼠标指针变为↓形状时单击，可以选中一列。

方法二：将鼠标指针移动到表格左框线位置，当鼠标指针变为→形状时单击，可以选中一行。

方法三：在表格的行或列中移动鼠标指针，可以选中一行或者一列。

3．选中单元格的方法

方法一：先在单元格中单击，再单击 Dreamweaver 窗口底部的"<td>"标签，可以选中该单元格。

方法二：先在单元格中单击，再按 Ctrl+A 组合键，可以选中该单元格。

方法三：先在单元格中单击，再选择菜单栏中的"编辑"→"全选"命令，可以选中该单元格。

4．选中多个单元格的方法

方法一：在单元格中移动鼠标指针，可以选中多个相邻的单元格。

方法二：在单元格中单击，按住 Shift 键的同时单击另一个单元格，可以选中以这两个单元格为矩形的多个相邻单元格。

方法三：按住 Ctrl 键，依次单击多个单元格，可以选中多个不连续的单元格。

子项目 4　表格的嵌套

设置表格第 2 行为进入其他网页的导航区，要显示 5 个链接的文字。在使用拆分单元格时，发现第 2 行中的 5 个单元格的宽度并不相等，原因是第 1 行有两列。

下面通过在第 2 行中插入一个表格的方法来实现 5 个同样大小的单元格，用来存放与其他网页链接的文字。

首先将拆分的 5 个单元格合并，然后单击，将光标移动到第 2 行单元格中，选择菜单栏中的"插入"→"Table"命令，弹出"Table"对话框，如图 3.2.21 所示。

在"Table"对话框中，设置"行数"为"1"，"列"为"5"，"表格宽度"为"100"，并在后面的下拉列表中选择"百分比"选项，"边框粗细"为"0"像素，单击"确定"按钮，嵌套表格后的效果如图 3.2.22 所示。

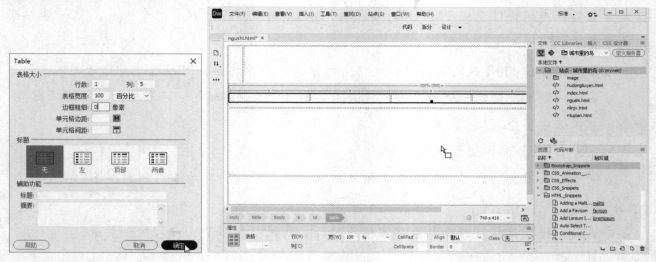

图 3.2.21　"Table" 对话框　　　　　图 3.2.22　嵌套表格后的效果

移动嵌套表格的框线，可以调整各个单元格的宽度，但整个表格的宽度不变。

子项目 5　完成网页布局

将表格中的所有框线粗细都设置为 0，调整表格的高度和宽度，就可以初步看到一个规划后的网页布局，如图 3.2.23 所示。从图 3.2.23 中可以看出，这与前文绘制的网页布局草图已经基本一致。

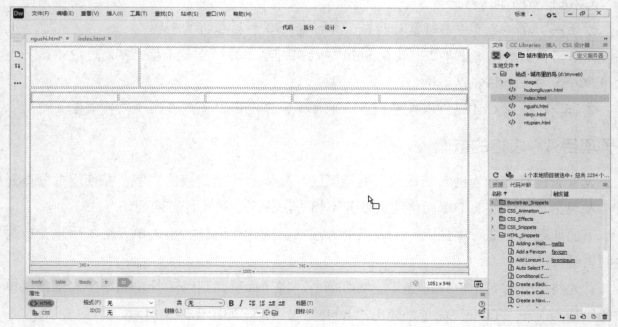

图 3.2.23　规划后的网页布局

在表格中输入文字和插入图片，并设置背景，效果如图 3.2.24 所示。

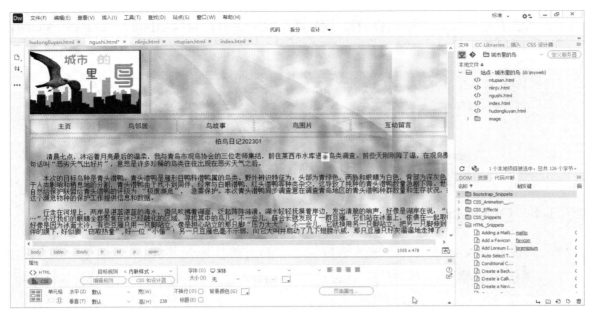

图 3.2.24　输入文字和插入图片后的效果

在默认情况下，文字均紧靠在表格框线上，这样非常影响美观，特别是当相邻单元格都有文字时，就会显得十分拥挤。

选中整个表格，将属性检查器中的"CellPad"（填充值）设置为"10"，此时表格中的文字与表格框线的距离变为 10 像素；将"CellSpace"（间距值）设置为"10"，此时各个单元格之间的距离变为 10 像素，如图 3.2.25 所示。更改文字填充值与间距后的效果如图 3.2.26 所示。

图 3.2.25　更改表格的"填充值"与"间距值"

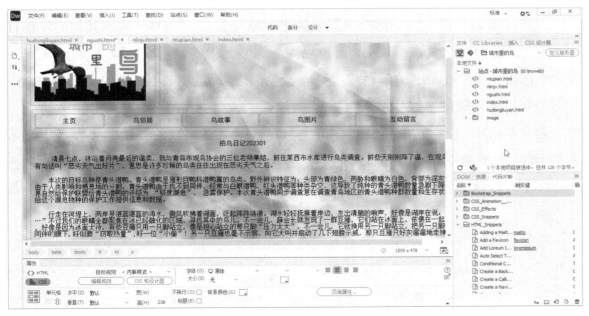

图 3.2.26　更改文字填充值与间距值后的效果

同理，调整表格中嵌套表格的设置项，特别是"CellPad"和"CellSpace"，其效果如图 3.2.27 所示。

图 3.2.27　调整嵌套表格的设置项后的效果

项目 3　使用 Div 规划网页布局

子项目 1　Div 概述

Div 又被称为 Div 标签，是一种区隔标记。它的主要作用是将页面分割为不同的区域，并设定文字、图像和表格的排列方式，通过移动或指定坐标的位置等方式，对文字、图像等元素进行精确定位。

与表格不同，Div 作为一种结构化元素是不会显示在浏览器中的，但在网页设计时，Div 可以让用户非常方便地完成网页的布局设计。

Div 可以设置为绝对定位和相对定位。绝对定位的 Div 又被称为 AP Div。它是通过设置与窗口边框的距离来定位的，因为它可以包含文字、图像等其他内容，所以这使得组成网页的各种元素可以精确定位在网页的某个位置。相对定位可以使 Div 以当前位置为基准来确定具体的位置，当前位置改变后，具体位置也会发生相应的变化。

绝对定位的 Div 使网页具有了三维空间的概念，因此也有人将绝对定位的 Div 称为 AP 层。我们可以这样理解绝对定位的 Div 在网页中的作用：它就像挂在墙壁上的油画，参观者看到的是墙壁和油画的整体，而挂画时画的位置并不受墙壁的制约，可以挂在墙壁的任意位置上。绝对定位的 Div 可以将不同的网页元素进行堆叠显示，将 Div 放到其他 Div 的前面或后面，设置不同的 Div 元素透明效果，就可以控制这些元素的显示或隐藏，也可以在一个 Div 中放置背景图像，并在该 Div 的前面放置另一个包含透明背景的文字 Div，两者合二为一，从而制作出带有特殊效果的多媒体网页。

绝对定位的 Div 也存在一些缺点：可能会导致网页在不同的浏览器或设备上显示不一致，有时可能会覆盖其他重要的内容或功能，同时会增加网页的复杂度和维护难度。Dreamweaver 直接移除了 AP Div 这个命令，如果要实现绝对定位，则需要通过更改代码的方式来完成。

由于移动终端的普及，同一个网页有可能会在台式计算机、笔记本电脑、平板电脑、手机上打开，因此为了创建更灵活、可适应的网页布局，可以使用相对定位或浮动来调整元素之间的关系，实现绝对定位的效果，也可以使用 CSS Grid 或 Flexbox 来创建网格系统，实现相同的效果。

子项目 2 插入 Div

下面介绍在"鸟图片"网页中插入 Div 的方法。在 Dreamweaver 中打开 ntupian.html 网页文件，即"鸟图片"网页，如图 3.3.1 所示，这是一个空白的网页。

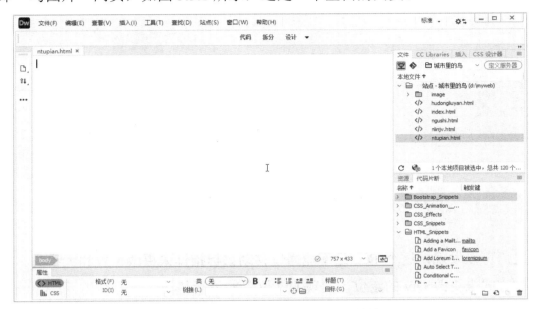

图 3.3.1 打开 ntupian.html 网页文件

在文档编辑区单击，使光标出现在文档编辑区。选择菜单栏中的"插入"→"Div"命令，如图 3.3.2 所示。

此时会弹出如图 3.3.3 所示的"插入 Div"对话框。这个对话框中的"插入"下拉列表用于选择 Div 区域的插入位置；"Class"下拉列表用于选择 Div 的样式，"ID"下拉列表用于输入 Div 的名称。

图 3.3.2 选择"Div"命令　　　　　图 3.3.3 "插入 Div"对话框

设置完"插入 Div"对话框后，单击"确定"按钮，会在网页中插入一个 Div，如图 3.3.4 所示。

图 3.3.4　插入一个 Div

操作之后可以发现，这个 Div 是不能通过移动鼠标指针来更改位置和大小的。下面通过更改代码的方式来更改 Div 的定位，实现 Div 位置的灵活移动。

单击"拆分"按钮，如图 3.3.5 所示，切换到"代码"视图和"设计"视图。

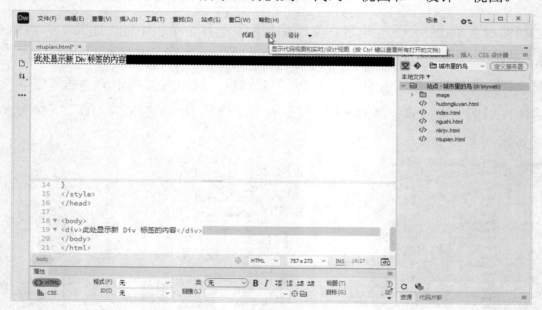

图 3.3.5　单击"拆分"按钮

在"代码"视图中找到 Div 的语句，即"<div>此处显示新 Div 标签的内容</div>"。在该语句中加入 style="position: absolute"，也就是将"<div>此处显示新 Div 标签的内容</div>"改为"<div style="position: absolute">此处显示新 Div 标签的内容</div>"。需要注意的是，语句中所有的标点符号都应该为英文格式。此时可以发现，Div 区域出现了蓝框，如图 3.3.6 所示。

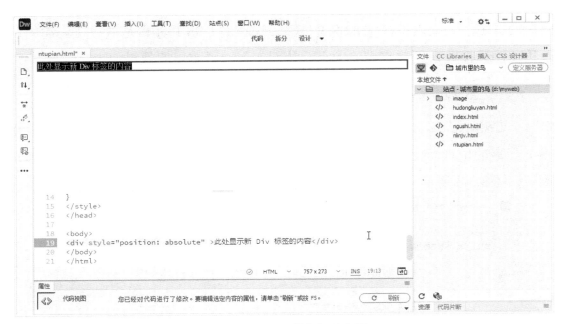

图 3.3.6　Div 区域出现蓝框

在上半部分窗口中单击，可以发现 Div 区域变小，单击该区域框线上出现的 8 个方框，可以看到，属性检查器也发生相应的变化，如图 3.3.7 所示。在属性检查器中可以发现，该 Div 被称为 CSS-P 元素。CSS-P 元素是指使用 CSS（层叠样式表）来定义样式和布局的 HTML 元素，可以让用户更方便地控制网页的外观和行为。在属性检查器中可以改变 CSS-P 元素的宽度和高度，以及背景颜色和背景图像等。

图 3.3.7　Div 区域及属性检查器发生变化

重复上述操作，再次插入 4 个新的 CSS-P 元素。在插入时需要注意，光标不要出现在第 1 个 CSS-P 元素中，否则就会形成嵌套。

　　这样在网页中一共插入了 5 个 CSS-P 元素。现在的 CSS-P 元素是层叠在一起的，接下来可以通过移动鼠标指针来更改它们的大小，从而实现网页布局的效果。

子项目 3　设置 Div

　　选中一个 CSS-P 元素，将鼠标指针移动到该 CSS-P 元素的左上角，移动鼠标指针即可移动该 CSS-P 元素的位置，最终使两个 CSS-P 元素占据第 1 行，另外 3 个 CSS-P 元素分别占据一行，效果如图 3.3.8 所示。

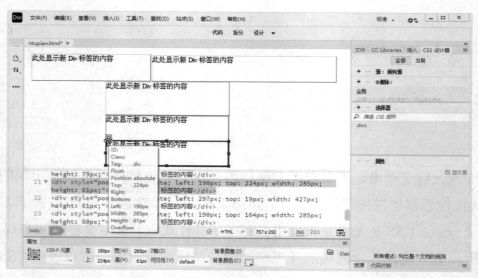

图 3.3.8　移动 CSS-P 元素的位置

　　选中左上角的 CSS-P 元素，单击该 CSS-P 元素的框线，将鼠标指针移动到该框线右下角位置，当鼠标指针变为 ↘ 时，移动鼠标指针，更改 CSS-P 元素的大小，如图 3.3.9 所示。

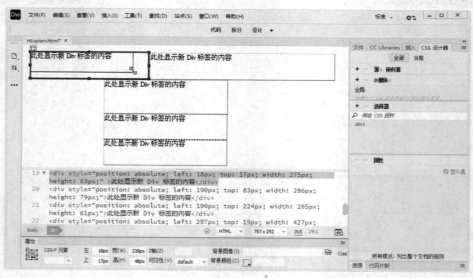

图 3.3.9　更改 CSS-P 元素的大小

　　参照网页布局草图，更改各个 CSS-P 元素的位置和大小，最终效果如图 3.3.10 所示。

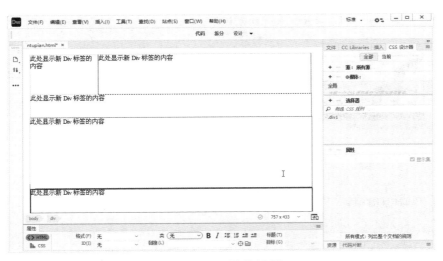

图 3.3.10　最终效果

当选中一个 CSS-P 元素时，属性检查器会变成如图 3.3.11 所示的样子。

图 3.3.11　CSS-P 元素属性检查器

读一读

当选中 CSS-P 元素时，属性检查器中的主要参数含义如下。

（1）"CSS-P 元素"下拉列表：位于属性检查器的左下方，用于和同一网页上的其他 CSS-P 元素区分。图 3.3.11 中的 CSS-P 元素名称为空白。

（2）"左"文本框、"上"文本框：用于设置 CSS-P 元素与页面左上角的距离，用于确定定位。

（3）"宽"文本框、"高"文本框：用于设置 CSS-P 元素的宽度和高度。

（4）"Z 轴"文本框：用于设置各个 CSS-P 元素的排列顺序，也就是哪个 CSS-P 元素在上方，哪个 CSS-P 元素在下方。

（5）"背景颜色"文本框：用于设置 CSS-P 元素中的背景。

（6）"可见性"下拉列表：用于设置是否显示 CSS-P 元素生成的元素框，包括 default、inherit、visible、hidden 4 个选项。其中，default 表示不指明元素的可见性；inherit 表示继承父元素的可见性；visible 表示显示元素及其内容；hidden 表示隐藏元素及其内容。

子项目 4　完成网页布局

选中左上角的 CSS-P 元素，并在其区域内双击，使光标出现在该区域，像在网页中插入图片一样，插入网站的 LOGO 图片，如图 3.3.12 所示。

调整该 CSS-P 元素的大小，使其与图片大小一致，同时调整其他 CSS-P 元素的位置和大小，如图 3.3.13 所示。

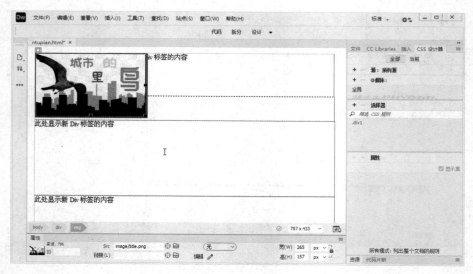

图 3.3.12　插入 LOGO 图片

图 3.3.13　调整 CSS-P 元素的位置和大小

　　首先插入一个 1 行 5 列的表格，然后在表格中输入文字，最后更改表格框线宽度为 0 像素，更改单元格对齐方式为居中对齐，如图 3.3.14 所示。

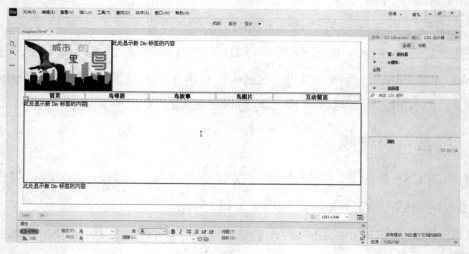

图 3.3.14　插入并设置表格

在 CSS-P 元素中输入文字、插入图片，并设置网页背景，如图 3.3.15 所示。

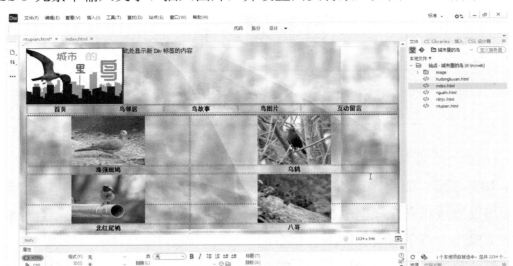

图 3.3.15 在 CSS-P 元素中输入内容并设置网页背景

选择菜单栏中的"文件"→"保存"命令，保存网页文件，完成操作。

熟练使用 Div、CSS-P 元素和表格，对于网页布局非常重要。在使用时要仔细体会、灵活掌握，这样用户才能制作出一个与其他人不同的网页。

习题 3

1. 设计网站布局需要考虑哪些因素？

2. 确定网页风格时需要注意哪几点？

3. 使用表格进行网页布局的优点是什么？

4. 使用表格布局网页时，如何将表格隐藏？

5. 选取表格的方法有哪些？选中单元格的方法有哪些？选中多个单元格的方法有哪些？

6. Div 的主要作用是什么？

7. 什么是 CSS-P 元素？

8. CSS-P 元素的属性检查器中"可见性"下拉列表有哪 4 个选项？其作用分别是什么？

第 **4** 章

使用超链接

WWW 浏览之所以如此流行，其中一个重要的原因是超链接的存在。超链接允许我们从自己的页面出发直接指向互联网上存在的任何一个其他页面。或者说，在一台计算机上可以打开互联网上成千上万个网页文件。

根据链接的范围，超链接可以分为内部超链接、外部超链接和锚记超链接。内部超链接是指打开的超链接对象在本网站内；外部超链接是指打开的超链接对象在 WWW 的其他网站内；锚记超链接可以链接到同一网页中的不同位置，又被称为"书签"。根据创建超链接对象的不同，超链接又可以分为文本超链接、电子邮件超链接和图片超链接。

项目1　创建文本超链接

子项目 1　创建网站内的文本超链接

在创建超链接之前，要先完成各个网页的基本内容。依次打开网站中的各个网页，先将确定好的网页布局应用到各个网页中，再输入文字、插入图片，并设置字体、字号、网页背景颜色及图片背景等，如图 4.1.1～图 4.1.5 所示。

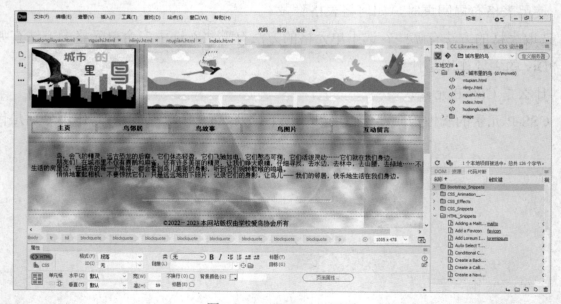

图 4.1.1　index.html 网页

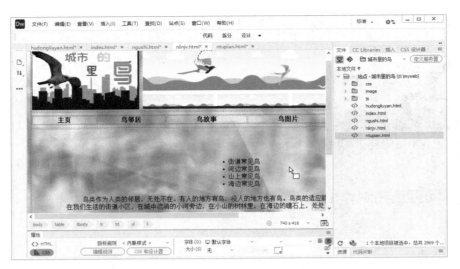

图 4.1.2　nlinjv.html 网页

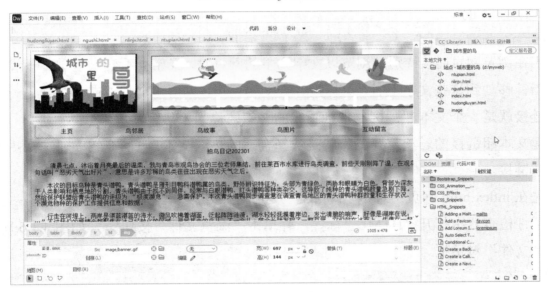

图 4.1.3　ngushi.html 网页

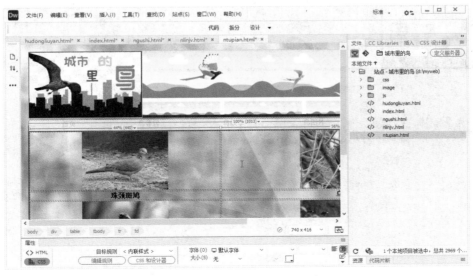

图 4.1.4　ntupian.html 网页

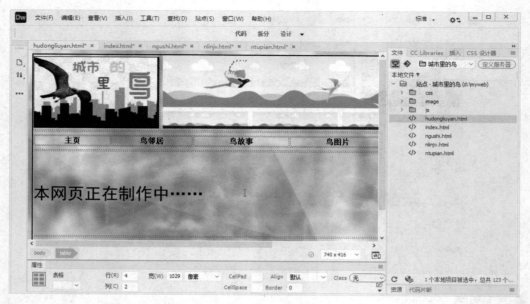

图 4.1.5　hudongliuyan.html 网页

　　我们在浏览网页时，特别是浏览以文字为主的网页时，经常会看到一些带下画线的文字，将鼠标指针移动到这些文字上时，鼠标指针会变为手形，单击这个超链接会打开另一个网页。这个超链接就是一个文本超链接，带下画线的文字被称为"热区文本"。

　　创建文本超链接的一项重要工作就是选择合适的热区文本。下面介绍如何选择热区文本，并设置超链接。

　　首先在 index.html 网页中选中"鸟邻居"这 3 个文字，将其作为创建超链接的热区文本，然后在属性检查器中打开"HTML"标签，并单击"浏览文件"按钮🗀，如图 4.1.6 所示。弹出"选择文件"对话框。

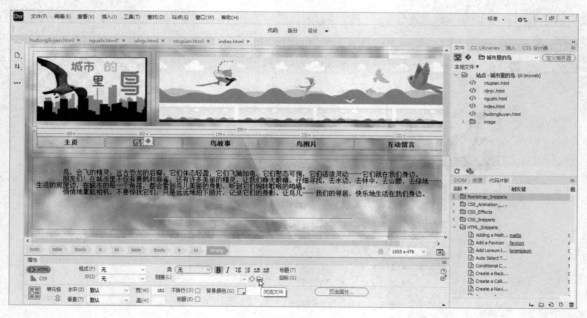

图 4.1.6　单击"浏览文件"按钮

做一做

如果属性检查器没有打开，则可以使用以下两种方法将其打开。

（1）选择菜单栏中的"窗口"→"属性"命令。

（2）按 Ctrl+F3 组合键。

在"选择文件"对话框中选择 nlinjv.html 网页文件，如图 4.1.7 所示，单击"确定"按钮。

图 4.1.7　选择 nlinjv.html 网页文件

在文档编辑区任意位置单击，取消热区文本的选中。可以发现，"鸟邻居"这 3 个文字变为蓝色，并出现下画线，与 nlinjv.html 网页文件创建超链接，如图 4.1.8 所示。

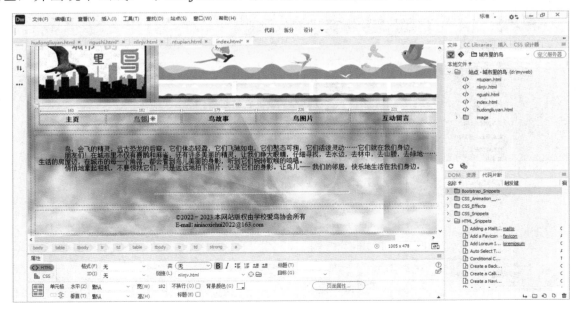

图 4.1.8　与 nlinjv.html 网页文件创建超链接

除了使用上面的方法，还可以使用移动的方法创建超链接。先选中"鸟故事"这 3 个文字，再按住鼠标左键将属性检查器中的锚记标记⊕移动到右侧"文件"面板中的 ngushi.html

网页文件上，释放鼠标左键，即可完成超链接的创建，如图 4.1.9 所示。

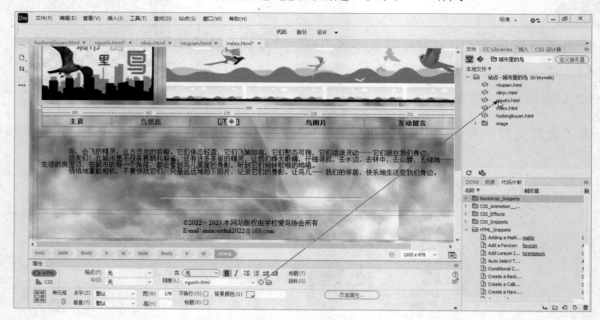

图 4.1.9　通过移动鼠标指针创建超链接

 做一做

　　使用上面介绍的任意一种方法，为"鸟图片"和"互动留言"创建超链接。

　　选择菜单栏中的"文件"→"保存"命令，保存网页。再次选择菜单栏中的"文件"→
"实时预览"→"Microsoft Edge"命令，如图 4.1.10 所示，在浏览器中打开网页。

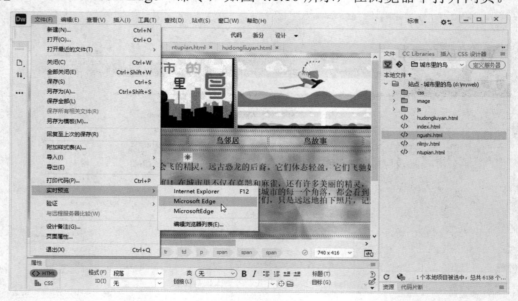

图 4.1.10　选择"Microsoft Edge"命令

　　在浏览器中将鼠标指针移动到"鸟邻居"这 3 个文字上，鼠标指针变为手形，如图 4.1.11
所示。单击"鸟邻居"超链接，"鸟邻居"网页被打开。

图 4.1.11　鼠标指针变为手形

做一做

打开其他 4 个网页，首先为这些网页中导航区域的文字创建超链接，然后保存网页，最后在浏览器中预览网页，验证网页超链接效果。

子项目 2　创建网站外的文本超链接

除了可以将主页上的文字与网站中的网页进行超链接，还可以与网站外的文件进行超链接，如互联网上的网站。

在 index.html 网页的底部位置输入"友情链接网站：人民网、新华网、央视网、中国文明网、百度、腾讯网"一行文字，如图 4.1.12 所示。下面将它们与相应的网站进行超链接。

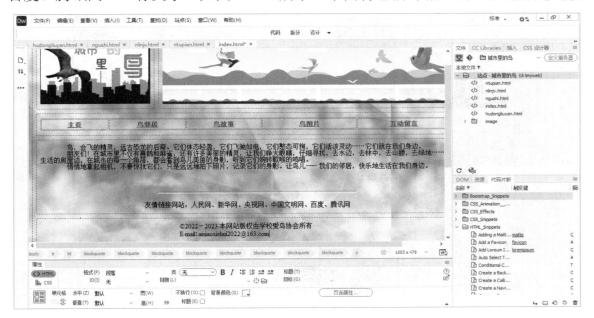

图 4.1.12　输入一行文字

首先选中"百度"这两个字，然后在属性检查器的"HTML"标签中找到"链接"文本框，并在该文本框中输入百度网址，最后单击"目标"下拉按钮，在弹出的下拉列表中选择"NEW"选项，这样设置的目的是让网页在新的窗口中打开，如图 4.1.13 所示。

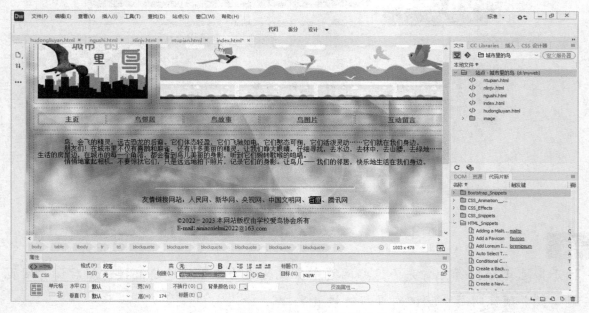

图 4.1.13　设置百度超链接的属性检查器

选择菜单栏中的"文件"→"保存"命令，保存网页。再次选择菜单栏中的"文件"→"实时预览"→"Microsoft Edge"命令。在浏览器中打开网页，将鼠标指针移动到"百度"两个字上，可以看到鼠标指针变为手形，如图 4.1.14 所示。如果计算机已经连接互联网，则单击百度超链接后，百度主页将在一个新窗口中被打开，如图 4.1.15 所示。

图 4.1.14　鼠标指针变为手形

图 4.1.15　百度主页将在一个新窗口中被打开

为其他友情链接网站创建互联网的超链接，如人民网、新华网、央视网等。

项目2　创建电子邮件超链接

在网页的制作过程中，要处处体现出以浏览者为中心，即处处为浏览者提供方便。电子邮件超链接是为浏览者与设计者架起的沟通桥梁。浏览者只需单击电子邮件超链接，就可以打开电子邮件编辑软件，并且自动输入电子邮件地址，非常方便。下面就来看一下如何创建电子邮件超链接。

在 index.html 网页中移动鼠标指针，选择"ainiaoxiehui2022@163.com"文字作为热区文本。选择菜单栏中的"插入"→"HTML"→"电子邮件链接"命令，如图 4.2.1 所示，弹出"电子邮件链接"对话框。

在"电子邮件链接"对话框中可以发现，"文本"文本框中自动出现"ainiaoxiehui2022@163.com"这几个字，也就是电子邮件超链接的热区文本。在"电子邮件"文本框中输入设计者的电子邮件地址，此处输入"ainiaoxiehui2022@163.com"，单击"确定"按钮，如图 4.2.2 所示。

如果直接在属性检查器的"链接"文本框中输入"mailto:ainiaoxiehui2022@163.com"，则也可以达到同样的效果，如图 4.2.3 所示。需要注意的是，"mailto:"与电子邮件地址（此处为ainiaoxiehui2022@163.com）之间不能有空格。

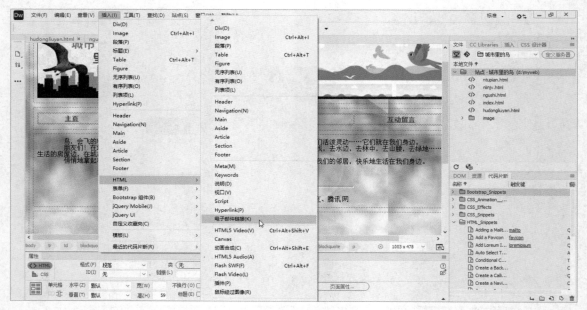

图 4.2.1 选择"电子邮件链接"命令

图 4.2.2 单击"确定"按钮

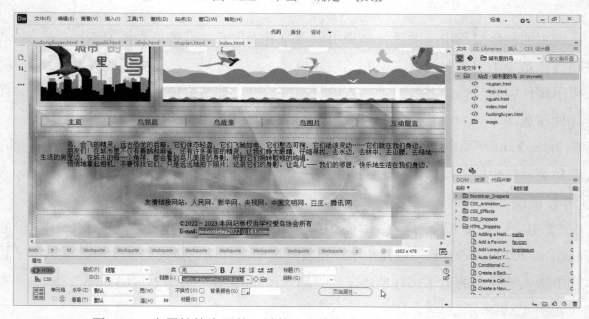

图 4.2.3 在属性检查器的"链接"文本框中直接输入电子邮件地址

　　选择菜单栏中的"文件"→"保存"命令，保存网页。再次选择菜单栏中的"文件"→"实时预览"→"Microsoft Edge"命令。在浏览器中预览网页，单击 ainiaoxiehui2022@163.com 超链接，如图 4.2.4 所示。

图 4.2.4　单击 ainiaoxiehui2022@163.com 超链接

系统默认的电子邮件编辑软件自动运行，新电子邮件窗口被打开，如图 4.2.5 所示，同时收件人的电子邮件地址，也就是 Dreamweaver 中设定的电子邮件地址会自动显示在"收件人"一栏中。由于每一台计算机默认的电子邮件编辑软件不同，因此打开的窗口也会各不相同。

图 4.2.5　新电子邮件窗口被自动打开

读一读

在预览网页过程中，如果发现超链接发生错误，则可以随时进行修改，但是该如何修改呢？首先在文档编辑区中选中需要修改的超链接热区文本，然后在属性检查器"HTML"标签下的"链接"文本框中进行修改，修改完之后在任意区域单击即可。

需要注意的是，每次修改完之后，都需要对网页进行保存。

项目3　创建图片超链接

除了文字，图片也可以被创建超链接，并且可以利用热区功能为图片的不同位置创建不同的超链接。图片的热区与文字的热区文本类似，它是图片的一部分，单击这一部分可以打开与其相链接的网页。

子项目 1　创建整张图片的超链接

下面对 index.html 网页进行美化。首先将网页下方的友情超链接文字删除，然后插入网站的 LOGO 图片，如图 4.3.1 所示。

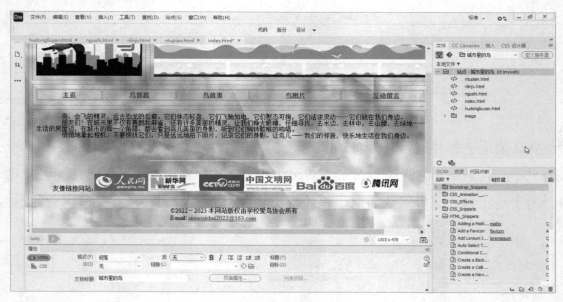

图 4.3.1　插入友情超链接网站的 LOGO 图片

首先选中百度网站的 LOGO 图片，然后在属性检查器的"链接"文本框中输入百度网址，如图 4.3.2 所示。在网页任意位置单击完成设置，保存网页，这样就为百度网站的 LOGO 图片创建了超链接。

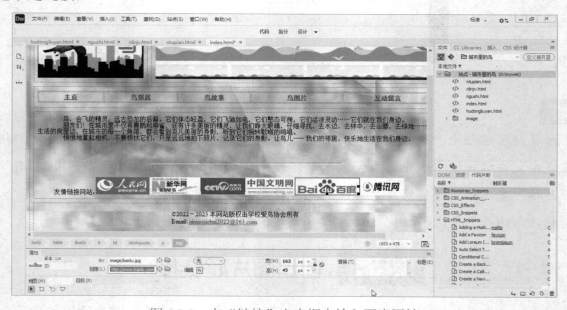

图 4.3.2　在"链接"文本框中输入百度网址

选择菜单栏中的"文件"→"保存"命令，保存网页。再次选择菜单栏中的"文件"→"实时预览"→"Microsoft Edge"命令。在浏览器中预览网页，单击百度网站的 LOGO 图片，百度主页被打开，如图 4.3.3、图 4.3.4 所示。

图 4.3.3 单击百度网站的 LOGO 图片

图 4.3.4 百度主页被打开

使用同样的方法，为其他友情超链接网站创建图片超链接。

子项目 2 创建图片热区超链接

不仅可以为整张图片创建超链接，还可以为图片的不同位置创建超链接，这种超链接被称为"图片热区超链接"。如图 4.3.5 所示，在 index.html 网页中将作为导航文字的嵌套表格删除，插入一张导航文字图片。

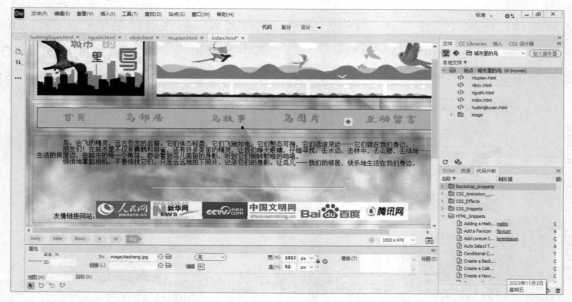

图 4.3.5　插入一张导航文字图片

选中这张导航文字图片，单击属性检查器中的"矩形热点工具"按钮□，如图 4.3.6 所示。如果在属性检查器中找不到"矩形热点工具"按钮，则是因为属性检查器没有完全展开，在属性检查器右下角的空白处双击，展开属性检查器的全部选项就可以看到热区选取工具。

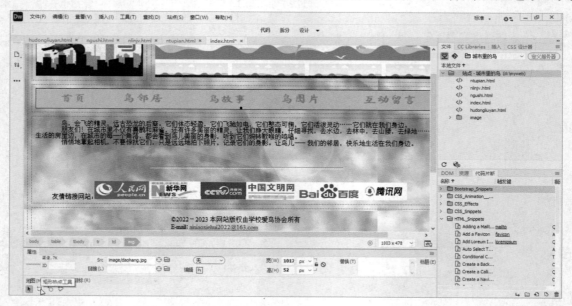

图 4.3.6　单击"矩形热点工具"按钮

读一读

在属性检查器中，涉及图像热区超链接的选项有以下几个。

（1）"地图"文本框：输入热区的名称。

（2）"矩形热点工具"按钮：选中该按钮后，在图像上移动鼠标指针可以绘制出矩形的热区。

（3）"圆形热区工具"按钮：选中该按钮后，在图像上移动鼠标指针可以绘制出圆形的热区。

（4）"多边形热区工具"按钮：选中该按钮后，在图像上移动鼠标指针可以绘制出多边形的热区。

（5）"指针热点工具"按钮：当鼠标指针处于标准指针状态时，用于选取热区，以及移动控制块调整热区大小。

在选中的整张图片上移动鼠标指针，在"鸟邻居"这 3 个文字上绘制一个矩形框，可以发现被选区域中的文字变虚。单击属性检查器中的"浏览文件"按钮 ，如图 4.3.7 所示，弹出"选择文件"对话框。

图 4.3.7　单击"浏览文件"按钮

在"选择文件"对话框中选择 nlinjv.html 网页文件，如图 4.3.8 所示，单击"确定"按钮。

图 4.3.8　选择 nlinjv.html 网页文件

选择菜单栏中的"文件"→"保存"命令，保存网页。再次选择菜单栏中的"文件"→"实时预览"→"Microsoft Edge"命令。在浏览器中预览网页，将鼠标指针移动到图片上的"鸟邻居"这 3 个文字时，鼠标指针变为手形，如图 4.3.9 所示。单击"鸟邻居"超链接，nlinjv.html 网页将被打开。

图 4.3.9　鼠标指针变为手形

做一做

使用同样的方法，重复上述操作，为导航图片上的不同位置创建超链接，如图 4.3.10 所示。保存网页后，在浏览器中预览网页效果。

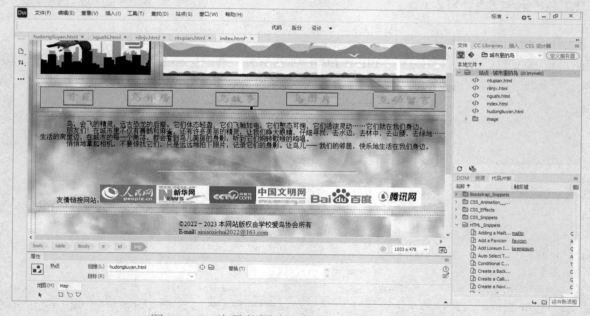

图 4.3.10　为导航图片上的不同位置创建超链接

项目 4　创建锚记超链接

锚记超链接，即网页中所谓的书签，也就是到达网页中某个具体位置的超链接。当网页内容过长时，使用锚记超链接可以快速浏览到用户所关心的信息。例如，在 nlinjv.html 网页中介绍了街道、河边、山上、海边的各种鸟类相关信息，如果不使用垂直滚动条，则人们只能看到街道常见鸟的信息。下面为每一类鸟都创建锚记超链接，单击锚记超链接后，相应鸟类的介绍就会出现在屏幕顶部。

打开 nlinjv.html 网页，在网页顶部输入书签的热区文本，并在网页中依次输入各个书签热区文本对应的内容介绍，如图 4.4.1 所示。

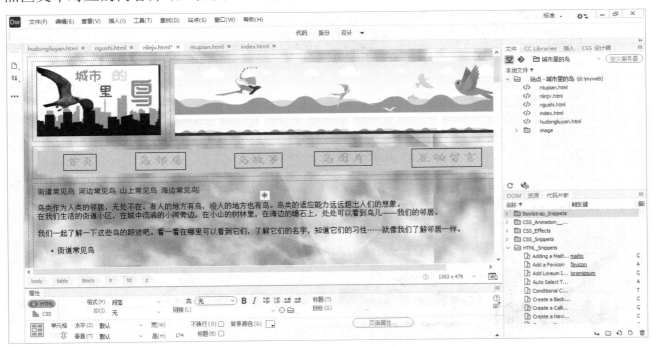

图 4.4.1　在网页中输入各个书签热区文本对应的内容介绍

下面以给"海边常见鸟"创建锚记超链接为例，介绍如何创建锚记超链接。首先要命名锚记，也就是确定锚记超链接指向的位置。

将垂直滚动条移动到网页底部，选中"海边常见鸟"这几个文字，然后在属性检查器的"ID"文本框中输入"maodian1"，如图 4.4.2 所示。

将垂直滚动条移动到网页顶部，选中网页顶部的"海边常见鸟"这几个文字，然后在属性检查器的"链接"文本框中输入"#maodian1"，如图 4.4.3 所示。释放鼠标左键可以看到，网页顶部的"海边常见鸟"这几个文字已经变为蓝色且带有下画线，表示锚记超链接已创建完成，如图 4.4.4 所示。

选择菜单栏中的"文件"→"保存"命令，保存网页。再次选择菜单栏中的"文件"→"实时预览"→"Microsoft Edge"命令。在浏览器中预览网页。单击网页顶部的"海边常见鸟"锚记超链接，如图 4.4.5 所示，"鸟邻居"网页的"海边常见鸟"相关信息出现在窗口中，如图 4.4.6 所示。

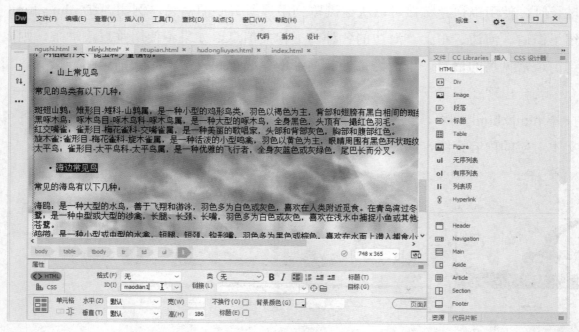

图 4.4.2　在"ID"文本框中输入"maodian1"

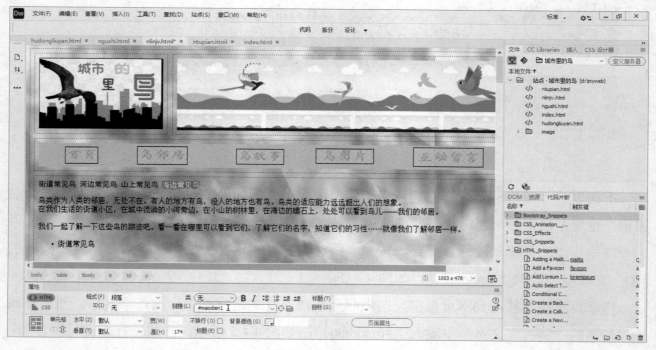

图 4.4.3　在"链接"文本框中输入"#maodian1"

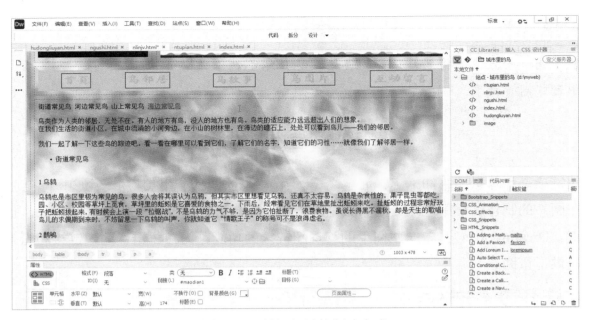

图 4.4.4　锚记超链接创建完成

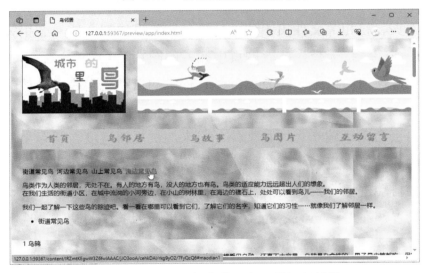

图 4.4.5　单击"海边常见鸟"锚记超链接

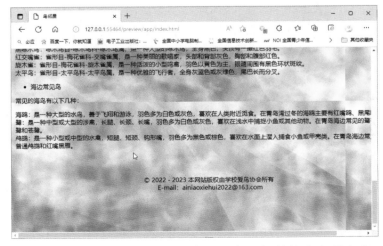

图 4.4.6　"鸟邻居"网页的"海边常见鸟"相关信息出现在窗口中

做一做

使用同样的方法，将网页顶部的其他鸟类介绍都制作成锚记超链接，保存网页后，在浏览器中预览网页效果。

项目5 管理超链接

超链接是计算机网络的标志性元素之一。互联网也是通过超链接将一个个网站链接起来的。在网站的制作过程中，随着网页数量的增加，对超链接的使用就成为一个重点，也是一个难点。Dreamweaver 具备一些简单的管理超链接的功能，为减少错误的超链接和无效的超链接提供了帮助。

子项目1 更新超链接

在网站的制作过程中难免会对其中的文件进行调整，如更改文件名、移动文件的位置、在网站中新建文件夹、将相关文件集中到一起等。这些操作都会让与之相关的超链接找不到这些网页文件，造成超链接无效，或者网页中插入的图片等元素无法显示。如果进行逐个修改，将会是一个非常烦琐的工作。Dreamweaver 提供的自动更新超链接功能可以很轻松地解决这些问题。

Dreamweaver 会自动创建一个缓存文件，用来加快更新速度。缓存文件中会存储所有与本地文件夹有关的超链接信息，当删除文件、移动文件、更改文件名时，与这些文件相关的超链接缓存文件会自动进行更新。

通过下面的设置，在 Dreamweaver 中实现自动更新超链接的功能。选择菜单栏中的"编辑"→"首选项"命令，如图4.5.1所示。

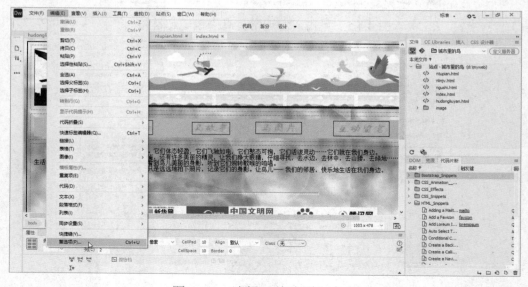

图4.5.1 选择"首选项"命令

在弹出的"首选项"对话框的"分类"列表框中选择"常规"选项,单击"文档选项"选项区中的"移动文件时更新链接"右侧的下拉按钮,在弹出的下拉列表中有 3 个选项,分别为"总是""从不""提示",如图 4.5.2 所示。选择"总是"选项,表示对文件进行移动或改名时,与该文件相关的超链接会自动进行更新;选择"从不"选项,表示对文件进行移动或改名时,系统不进行任何操作;选择"提示"选项,表示对文件进行移动或改名时,系统会弹出一个信息提示框。这里选择"提示"选项,依次单击"应用"按钮和"关闭"按钮,完成设置。

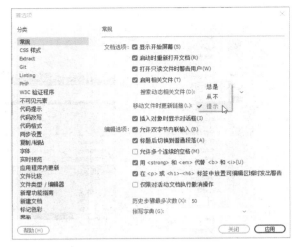

图 4.5.2 "移动文件时更新链接"下拉列表中的 3 个选项

做一做

验证一下自动更新超链接的结果:在 Dreamweaver 中更改一个文件的文件名,如果弹出如图 4.5.3 所示的"更新文件"对话框,则说明设置更新超链接功能成功。

图 4.5.3 "更新文件"对话框

子项目 2 测试超链接

在 Dreamweaver 的编辑状态下是不能显示超链接目标的,可以先切换到"实时视图"或在浏览器中预览,再通过单击超链接来显示超链接目标。Dreamweaver 也提供了在编辑状态下显示超链接目标的功能,这样在制作网页的过程中就不用频繁地切换各个窗口了。

在 Dreamweaver 中打开一个网页,首先选中设置了超链接的文字或图片,然后选择菜单栏中的"编辑"→"链接"→"打开链接页面"命令,如图 4.5.4 所示。

此时,选取文字,其超链接的文件就会在 Dreamweaver 中打开,并且处于编辑状态。还有一种方法:按住 Ctrl 键,移动鼠标指针,单击设置了超链接的文字或图片,也能达到一样的效果。

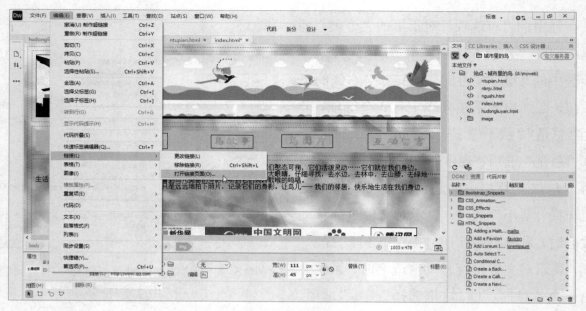

图 4.5.4　选择"打开链接页面"命令

子项目 3　在 HTML 代码中直接查看超链接

管理超链接有一个更直观的方式就是直接在代码窗口中查看超链接。在 Dreamweaver 中打开一个网页，选中设置了超链接的文字，切换到"代码"视图，如图 4.5.5 所示，就可以看到该文字的超链接。

图 4.5.5　切换到"代码"视图

超链接的 HTML 标记为<a> </a>，网站内的超链接一般为"<a href="文件名">链接文字</a>"。以图 4.5.5 中的电子邮件超链接为例，表示电子邮件超链接的代码为"<a href="mailto:ainiaoxiehui2022@163.com">ainiaoxiehui2022@163.com
</a>"，这表示超链接地址为 mailto:ainiaoxiehui2022@163.com；超链接文字为 ainiaoxiehui2022@163.com。这就意味着

在网页中单击"ainiaoxiehui2022@163.com"文字后,"mailto:ainiaoxiehui2022@163.com"超链接将被打开。

在了解了这个规则后,用户可以直接在代码区中对超链接进行修改。

读一读

表示超链接的<a>标记还有以下几个属性需要了解。

(1)href:指定超链接地址。

(2)target:指定超链接目标窗口,如"new"表示新开一个窗口。

(3)name:命名超链接。

(4)accesskey:超链接的快捷键。

(5)title:设置超链接提示文字。

这些属性并不一定都要出现,需要根据实际需求进行设置。

做一做

打开 index.html 网页,首先在"代码"视图中更改一个超链接的内容,然后返回"设计"视图,按住 Ctrl 键的同时单击该超链接文字,检查超链接效果。

习题 4

1. 内部超链接、外部超链接和锚记超链接三者有什么不同?

2. 热区文本的特征是什么?

3. 设置电子邮件超链接时需要在电子邮件地址前面添加什么?

4. 创建图片热区超链接的热区工具在什么位置?

5. 如何设置自动更新超链接?

6. 如何在 Dreamweaver 的编辑状态下打开超链接?

第  章

CSS 样式

项目 1　编辑 CSS 样式

子项目 1　CSS 概述

样式表又被称为"样式"，是目前网页制作中普遍应用的一项技术。它通过设置 HTML 代码标签来实现对网页中文本的字体、颜色、填充、边距和字间距等进行格式化操作。在应用了样式表的网页中，如果要更改一些特定文本的样式风格，则可以直接使用自定义的样式表，而不必频繁地使用属性检查器。使用样式表还有一个优点，当用户在浏览这类网页时，无论选择的显示字体为何种大小，网页中的文字大小都不会发生变化。

CSS（层叠样式表）是一种用来格式化网页布局的语言。用户通过 CSS 可以控制 HTML 元素的颜色、字体、字号、元素之间的间距、元素的位置和排列、背景图片或颜色，以及不同设备和屏幕尺寸的显示效果等。它可以让设计者根据自己的需求和创意来设计网页，让网页更加美观、易于阅读和使用，从而提升用户体验。CSS 的特点是可以将样式定义在一个或多个外部文件中，并通过链接或导入的方式应用到网页中，这样做的好处是可以实现样式的复用和维护，以及保持内容和表现的分离。

CSS 样式可以通过 3 种方式应用到网页中：在 HTML 元素中使用 style 属性来定义样式的被称为"内联样式"（Inline Style）；在 HTML 文档中使用<style>标签来定义样式的被称为"内部样式表"（Internal Style Sheet）；在 HTML 文档中使用<link>标签或@import 指令来引用外部 CSS 文件的被称为"外部样式表"（External Style Sheet）。

CSS 的基本语法是由选择器、属性和值组成的。其中，选择器用于指定要应用样式的元素；属性用于指定要修改的特征；值用于指定要使用的具体效果。例如，p{color:red;}表示将所有 p 元素（段落）的颜色设置为红色，选择器指定的是 p 元素（段落），color 是一个属性，red 是一个值。

CSS 有许多不同类型的选择器，也有许多不同类型的属性，可以控制元素的布局、字体、颜色、背景、边框等。CSS 还支持媒体查询，这就可以让设计者灵活地根据设备来调整设计样式，使网页的适应性更强。CSS 还支持过渡等功能，通过动画、变形等增加网页的交互性，从而提升视觉效果。

子项目 2　使用 CSS 设置行间距

前文已经介绍了如何使用 Shift+Enter 组合键更改行间距的方法，这种看起来像分段、实际上是分行的方法太呆板，无法灵活应用。使用 CSS 样式可以轻松简单地设置行间距。

在 Dreamweaver 中打开 index.html 网页，在其窗口右侧的浮动面板组中单击"CSS 设计器"按钮，在打开的面板中单击"源"窗格中的 + 按钮，如图 5.1.1 所示，在弹出的下拉列表中选择"创建新的 CSS 文件"选项，如图 5.1.2 所示。

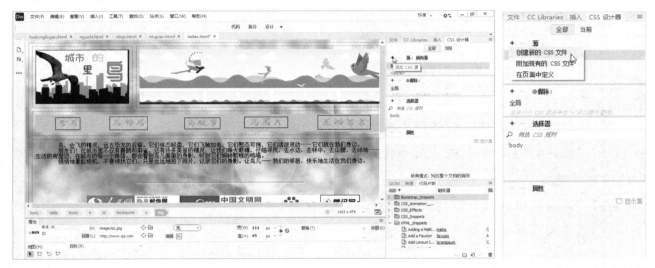

图 5.1.1　单击 + 按钮　　　　　　　　　　图 5.1.2　选择"创建新的
　　　　　　　　　　　　　　　　　　　　　　　　　　 CSS 文件"选项

读一读

"CSS 设计器"面板主要由 4 个窗格组成，这 4 个窗格的主要功能如下。

（1）"源"窗格：显示所有与文档相关的样式表，也用于创建 CSS 并将其应用到文档中。

（2）"@媒体"窗格：列出所选源中的全部媒体查询，媒体查询可以根据不同的设备和屏幕尺寸来调整网页的布局及样式。

（3）"选择器"窗格：显示所选源中的全部选择器，选择器的个数会受到媒体查询的限制。

（4）"属性"窗格：显示已选定的"选择器"的属性。

此时会创建一个新的 CSS 文件，可以应用于整个网站。在"创建新的 CSS 文件"对话框的"文件/URL"文本框中输入"hangjv"，选中"链接"单选按钮，单击"确定"按钮，如图 5.1.3 所示。可以发现，"源"窗格中出现了一个名为"hangjv.css"的文件，如图 5.1.4 所示。

图 5.1.3 单击"确定"按钮 　　　　　　　　图 5.1.4 创建 hangjv.css 文件

读一读

"创建新的 CSS 文件"对话框中有 4 个选项，其主要功能如下。

（1）"文件/URL"文本框：用于输入 CSS 文件的名称，也可以单击"浏览"按钮，指定文件的存放路径。

（2）"链接"单选按钮：将文档链接到 CSS 文件。

（3）"导入"单选按钮：将 CSS 文件导入当前文档中。

（4）"有条件使用（可选）"选项：在显示的选项区域中指定要与 CSS 文件关联的媒体查询。

在"源"窗格中选中"hangjv.css"文件，并为它设置一个选择器。单击"选择器"窗格上的 + 按钮，此时弹出一个文本框，首先在该文本框中输入"b"，然后在弹出的下拉列表中选择"body"选项，如图 5.1.5 所示。

在"选择器"窗格中选择"body"选项，这样可以将选中的 CSS 文件定义在全局下。此时，"属性"窗格中显示布局、文本、边框、背景等内容，如图 5.1.6 所示。

图 5.1.5 选择"body"选项 　　　　　　　图 5.1.6 "属性"窗格中显示的内容

读一读

　　CSS 样式的属性分为"布局""文本""边框""背景""其他"几种类型。其中，"布局"用于确定位置的设置选项主要有以下几个。

　　（1）margin 属性：用于快速设置外边距。外边距是指元素边框以外的空白区域，用于设置元素 4 个方向（上、下、左、右）的间距，可以用像素、百分比或自动计算等方式来指定。

　　（2）padding 属性：用于快速设置内边距。内边距是指元素边框和内容之间的距离，可以单独设置元素 4 个方向（上、下、左、右）的值，也可以一次性设置所有的值，用于控制元素的大小和背景范围。内边距可以用像素、百分比或自动计算等方式来指定。

　　（3）position 属性：用于快速设置元素的位置，有 top（顶部）、bottom（底部）、left（左端）、right（右端）4 个值可以设置。

　　在"属性"窗格中单击"文本"按钮，切换为文本设置状态，如图 5.1.7 所示。

　　移动垂直滚动条，找到"line-height"选项，单击其右侧的文本框，在弹出的下拉列表中选择"px"选项，如图 5.1.8 所示，这样行高就从 normal 切换为可设置的像素值，在文本框中输入"30px"作为行高的像素值，如图 5.1.9 所示。

图 5.1.7　单击"文本"按钮　　　图 5.1.8　选择"px"选项　　　图 5.1.9　输入行高值为 30px

　　此时，在文档编辑区空白处单击可以发现，文字的行间距发生了变化，如图 5.1.10 所示。

　　下面将 hangjv.css 文件应用到其他网页中。首先打开 ngushi.html 网页，在"CSS 设计器"面板的"源"窗格中单击 + 按钮，然后在弹出的下拉列表中选择"附加现有的 CSS 文件"选项，如图 5.1.11 所示。

图 5.1.10　文字的行间距发生变化

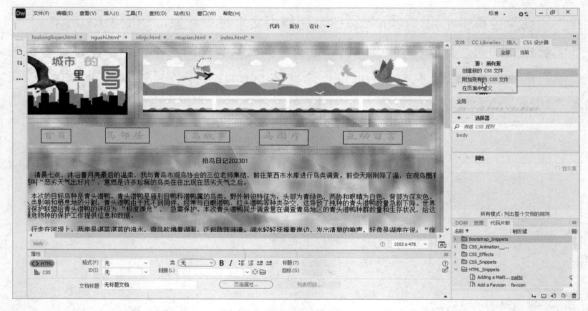

图 5.1.11　选择"附加现有的 CSS 文件"选项

在弹出的"使用现有的 CSS 文件"对话框中单击"浏览"按钮，如图 5.1.12 所示。

图 5.1.12　单击"浏览"按钮

在弹出的"选择样式表文件"对话框中选择 hangjv.css 文件，如图 5.1.13 所示，单击"确定"按钮。

在返回的"使用现有的 CSS 文件"对话框中可以发现，"hangjv.css"文件名已经出现在"文件/URL"文本框中，如图 5.1.14 所示。

图 5.1.13　选择 hangjv.css 文件　　　　图 5.1.14　"使用现有的 CSS 文件"对话框

在"使用现有的 CSS 文件"对话框中单击"确定"按钮。可以发现，文字的行间距发生了变化，如图 5.1.15 所示。

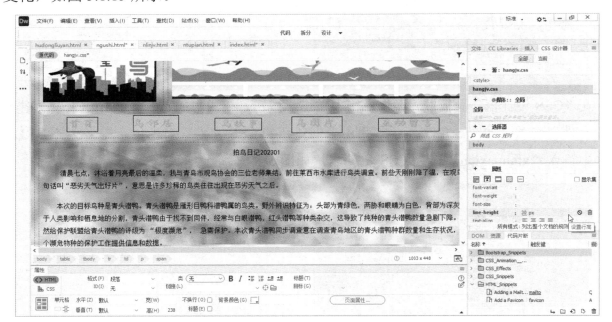

图 5.1.15　文字的行间距发生了变化

重复上一步操作，将网页中各段文字的行间距都改为 20px，这显然要比使用 Shift+Enter 组合键的方法来设定行间距灵活得多。

做一做

打开网站中的其他网页，将 hangjv.css 文件应用到其他网页中。

子项目 3　使用 CSS 去掉文本超链接下画线

在使用文本超链接的网页中可以看到带有下画线的热区文本，虽然这些下画线对于超链接有提示作用，但是影响美观，使用 CSS 可以非常轻松地去掉这些下画线。

在 Dreamweaver 中打开 index.html 网页可以发现，网页底部的电子邮件超链接下方有下画线，移动鼠标指针选中电子邮件超链接，如图 5.1.16 所示。

图 5.1.16　选中电子邮件超链接

在"CSS 设计器"面板的"源"窗格中单击 + 按钮，在弹出的下拉列表中选择"创建新的 CSS 文件"选项，如图 5.1.17 所示，弹出"创建新的 CSS 文件"对话框，在"文件/URL"文本框中输入"xiahuaxian"作为 CSS 文件名，如图 5.1.18 所示。

图 5.1.17　选择"创建新的 CSS 文件"选项　　　图 5.1.18　输入 CSS 文件名

首先在"源"窗格中选中"xiahuaxian.css"文件，然后单击"选择器"窗格中的 + 按钮，此时会弹出一个文本框，选择"blockquote p a"选项定义在全局下。此时，"属性"窗格中显示布局、文本、背景等相关内容，如图 5.1.19 所示。

首先在"属性"窗格中单击"文本"按钮，然后移动垂直滚动条，找到"text-decoration"选项（文本修饰），单击其右侧的◻按钮（none 按钮），去掉文本的所有修饰。此时可以发现，超链接热区文本下画线消失，如图 5.1.20 所示。

图 5.1.19　"属性"窗格中　　　　图 5.1.20　超链接热区文本下画线消失
　　　　　　显示的相关内容

选择菜单栏中的"文件"→"保存"命令，保存网页。再次选择菜单栏中的"文件"→"实时预览"→"Microsoft Edge"命令。在浏览器中打开网页可以发现，去掉了超链接热区文本下画线，如图 5.1.21 所示。

图 5.1.21　去掉了超链接热区文本下画线

做一做

打开 nlinjv.html 网页，将该网页顶部锚记超链接的热区文本下画线去掉。

项目 2　使用 CSS 过渡效果

子项目 1　实现鼠标指针悬停文字变色效果

CSS 过渡效果可以实现网页元素不同状态之间的平滑过渡，经常用来制作一些动画效果。CSS 过渡效果易受完成时间、运动曲线和延迟时间的影响，从而产生不同的动画效果。

设置 CSS 过渡效果前需要先打开"CSS 过渡效果"面板。选择菜单栏中的"窗口"→"CSS 过渡效果"命令，如图 5.2.1 所示。

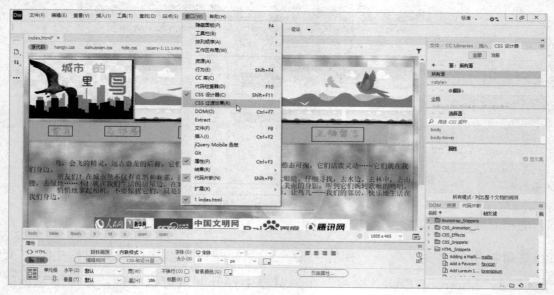

图 5.2.1　选择"CSS 过渡效果"命令

在弹出的"CSS 过渡效果"面板中单击 + 按钮，如图 5.2.2 所示。

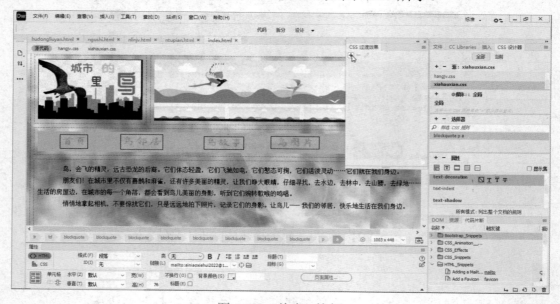

图 5.2.2　单击 + 按钮

在弹出的"新建过渡效果"对话框中，设置"目标规则"为"body"；单击"过渡效果开启"右侧的下拉按钮，在弹出的下拉列表中选择"hover"选项，如图 5.2.3 所示，即可设置悬停效果。

在"持续时间"文本框中输入"5"，其右侧下拉列表选择"s"选项，即可让过渡效果持续 5 秒；在"延迟"文本框中输入"1"，其右侧下拉列表选择"s"选项，即可使鼠标指针在文字上悬停时不会立即出现过渡效果，等待 1 秒后才开始出现悬停效果；单击"计时功能"右侧的下拉按钮，在弹出的下拉列表中选择"ease"选项，表示让过渡动画先慢速开始，再加快速度，最后慢速结束，如图 5.2.4 所示。

图 5.2.3　选择"hover"选项　　　　　图 5.2.4　设置过渡效果的时间和速度

读一读

过渡效果的"计时功能"共有 6 个选项，其含义如下。

（1）"cubic-bezier(x1,y1,x2,y2)"选项：在 cubic-bezier() 函数中定义值，数值范围为 0～1。

（2）"ease"选项：先以慢速开始，再加快速度，最后慢速结束的一种过渡效果。

（3）"ease-in"选项：以慢速开始的过渡效果。

（4）"ease-in-out"选项：以慢速开始和慢速结束的过渡效果。

（5）"ease-out"选项：以慢速结束的过渡效果。

（6）"linear"选项：以相同速度开始至结束的过渡效果。

下面设置过渡效果的属性。在"新建过渡效果"对话框中单击"属性"选项区右下角的 ✚ 下拉按钮，如图 5.2.5 所示，设置变化文字属性。

在弹出的下拉列表中选择"color"选项，如图 5.2.6 所示，即可对文本颜色进行设置。

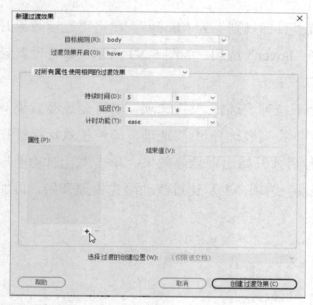

图 5.2.5　单击 ➕ 按钮

图 5.2.6　选择 "color" 选项

单击 "结束值" 右侧的色块，在弹出的 "颜色" 对话框中选择 "红色"，如图 5.2.7 所示。也就是说，CSS 的过渡效果是文字变为红色。

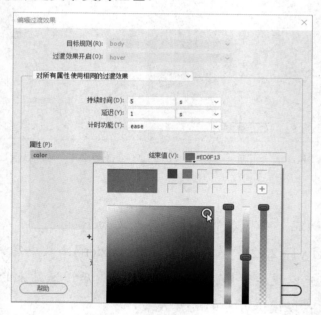

图 5.2.7　选择 "红色"

单击 "创建过渡效果" 按钮，如图 5.2.8 所示，此时会在 "CSS 过渡效果" 面板中出现 "hover" 效果和 "1 个实例" 字样，如图 5.2.9 所示。

选择菜单栏中的 "文件" → "保存" 命令，保存网页。再次选择菜单栏中的 "文件" → "实时预览" → "Microsoft Edge" 命令。在浏览器中预览网页，将鼠标指针移动到文字上，等待 1 秒后，可以看到文字慢慢变红的效果，将鼠标指针从文字上移开，可以看到文字慢慢变回黑色，如图 5.2.10 所示。

图 5.2.8　单击"创建过渡效果"按钮　　　图 5.2.9　出现"hover"效果和"1 个实例"字样

图 5.2.10　文字过渡效果

子项目 2　实现鼠标指针悬停文字变大效果

在 Dreamweaver 中打开 ntupian.html 网页,在"CSS 设计器"面板的"源"窗格中单击 **+** 按钮,在弹出的下拉列表中选择"创建新的 CSS 文件"选项,如图 5.2.11 所示。

在"创建新的 CSS 文件"对话框的"文件/URL"文本框中输入"tuchu"作为 CSS 文件名,如图 5.2.12 所示。

首先在"源"窗格中选中"tuchu.css"文件,然后在"选择器"窗格中单击 **+** 按钮,在弹出的下拉列表中选择"tr td strong"选项(如果选中文字没有加粗,则不会出现 strong),增加的选择器将会显示在"选择器"窗格中,如图 5.2.13 所示。

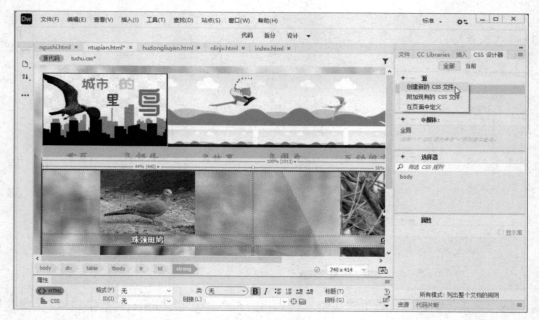

图 5.2.11　选择"创建新的 CSS 文件"选项

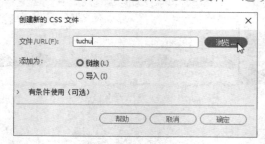

图 5.2.12　输入 CSS 文件名

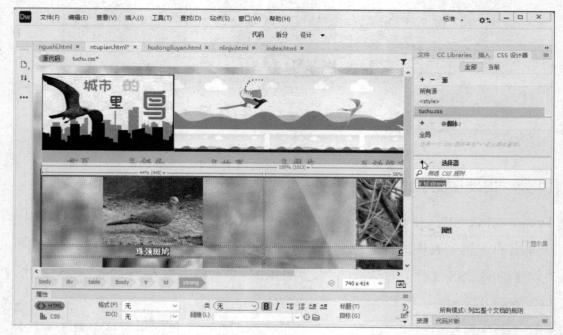

图 5.2.13　增加的选择器将会显示在"选择器"窗格中

在"CSS 过渡效果"面板中单击 + 按钮，如图 5.2.14 所示，增加 CSS 过渡效果。

图 5.2.14　单击 ⊞ 按钮

在弹出的"新建过渡效果"对话框中，单击"目标规则"右侧的下拉按钮，在弹出的下拉列表中选择"tr td strong"选项，如图 5.2.15 所示。

单击"过渡效果开启"右侧的下拉按钮，在弹出的下拉列表中选择"hover"选项，如图 5.2.16 所示，即可设置鼠标指针悬停效果。

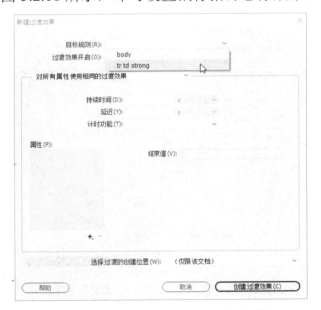

图 5.2.15　选择"tr td strong"选项

图 5.2.16　选择"hover"选项

设置"持续时间"为"5"秒，"延迟"为"0"秒，"计时功能"为"linear"（正常速度），如图 5.2.17 所示。

单击"属性"选项区右下角的 ⊞ 下拉按钮，在弹出的下拉列表中选择"font-size"选项，如图 5.2.18 所示，即可更改文字的大小。

图 5.2.17　设置过渡效果的时间和速度

图 5.2.18　选择"font-size"选项

单击"结束值"右侧的下拉按钮，在弹出的下拉列表中选择"large"选项，如图 5.2.19 所示，即可将文字变大。

单击"创建过渡效果"按钮，如图 5.2.20 所示。关闭"新建过渡效果"对话框。

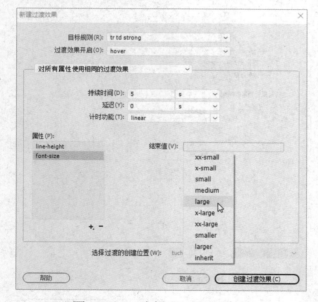

图 5.2.19　选择"large"选项

图 5.2.20　单击"创建过渡效果"按钮

此时在"CSS 过渡效果"面板中可以发现，CSS 过渡效果已经创建成功，有 4 个实例实现了鼠标指针悬停文字变大效果，如图 5.2.21 所示。

选择菜单栏中的"文件"→"保存"命令，保存网页。再次选择菜单栏中的"文件"→"实时预览"→"Microsoft Edge"命令。在浏览器中预览网页，将鼠标指针悬停在网页中的文字上时可以发现文字变大，如图 5.2.22 所示。

图 5.2.21　"CSS 过渡效果"面板

图 5.2.22　鼠标指针悬停时文字变大

做一做

打开 nlinjv.html 网页，将锚记超链接文字改为鼠标指针悬停文字变大的 CSS 过渡效果。

项目 3　设置 CSS 的规则属性

在制作网页时使用 CSS 技术可以有效地对页面的布局、字体、颜色、背景和其他效果进行精确的控制，这主要是通过设置 CSS 的规则属性来实现的。

设置 CSS 的规则属性有 3 种方法：第 1 种，在"代码"视图中通过直接输入代码来实现，这种方法需要用户非常熟练地掌握各种代码知识；第 2 种，在"CSS 设计器"面板中通过更改"属性"窗格中的内容来设置；第 3 种，通过"CSS 规则定义"对话框来实现。

本项目主要介绍如何通过"CSS 规则定义"对话框来设置 CSS 的规则属性。

子项目 1　"CSS 规则定义"对话框中的"类型"

首先在 Dreamweaver 中打开 index.html 网页，然后在属性检查器中单击"目标规则"右侧的下拉按钮，在弹出的下拉列表中选择"body:hover"选项，最后单击"编辑规则"按钮，如图 5.3.1 所示，弹出"CSS 规则定义"对话框。

图 5.3.1　单击"编辑规则"按钮

如图 5.3.2 所示，"CSS 规则定义"对话框由两部分组成，左侧为"分类"列表框，共有"类型""背景""区块""方框""边框""列表""定位""扩展""过渡"9 个选项；右侧为设置区域，右侧的设置项会随着左侧选择的不同选项而发生相应变化。

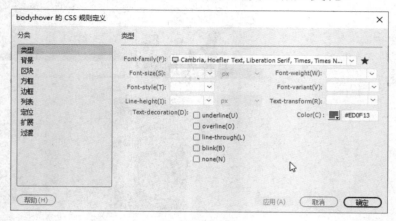

图 5.3.2 "CSS 规则定义"对话框

在"分类"列表框中选择"类型"选项，可以在右侧看到关于"类型"的各项操作。在"类型"设置区域可以设定 CSS 样式的基本字体和类型，其部分选项说明如下。

（1）"Font-family"下拉列表：用于设置 CSS 样式的字体。

（2）"Font-size"下拉列表：用于设置字号，有 in、cm 等多种单位可以选择，也可以按照百分比选择，如图 5.3.3 所示。

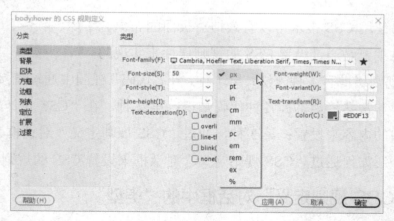

图 5.3.3 选择字号的单位

（3）"Font-style"下拉列表：用于设置字体的样式。

（4）"Line-height"下拉列表：用于设置文本的行高。

（5）"Text-decoration"选项区：用于为文本添加 underline、overline、line-through、blink 及 none。

子项目 2 "CSS 规则定义"对话框中的"背景"

在"CSS 规则定义"对话框左侧选择"背景"选项，可以在右侧看到关于"背景"的各项操作，如图 5.3.4 所示。

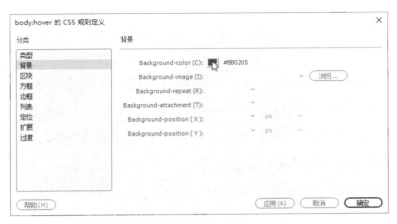

图 5.3.4　"CSS 规则定义"对话框中的"背景"

在"背景"设置区域可以设定网页中各个元素的背景，其主要选项说明如下。

（1）"Background-color"按钮：用于设置元素的背景颜色，可以直接输入颜色值，也可以通过单击颜色块选取相应颜色。

（2）"Background-image"下拉列表：用于设置元素的背景图像。

（3）"Background-repeat"下拉列表：用于设置如何重复使用背景图像。no-repeat 表示不重复；repeat 表示重复；repeat-x 表示在 X 轴重复；repeat-y 表示在 Y 轴重复。

（4）"Background-attachment"下拉列表：用于设置背景图像是固定位置还是跟随内容进行滚动。fixed 表示固定位置；scroll 表示滚动模式。

（5）"Background-position（X）"下拉列表和"Background-position（Y）"下拉列表：用于指定背景图像最初的相对位置。

子项目 3　"CSS 规则定义"对话框中的"区块"

在"CSS 规则定义"对话框左侧选择"区块"选项，可以在右侧看到关于"区块"的各项操作，如图 5.3.5 所示。

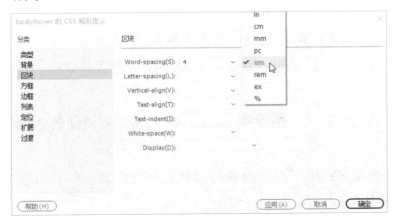

图 5.3.5　"CSS 规则定义"对话框中的"区块"

在"区块"设置区域可以设置标签和属性的间距及对齐方式，其主要选项说明如下。

（1）"Word-spacing"下拉列表：用于设置字词的间距，从图 5.3.5 中可以看出有多种度量方式可供选择。

（2）"Letter-spacing"下拉列表：用于增加/减少字母或字符之间的间距。

（3）"Vertical-align"下拉列表：用于指定网页元素的垂直对齐方式。

（4）"Text-align"下拉列表：用于设置文本在元素中的对齐方式。

（5）"Text-indent"文本框：用于设置第 1 行文本的缩进程度。

（6）"White-space"下拉列表：用于设置如何处理空格。normal 表示空白会被浏览器忽略；pre 表示空白会被浏览器保留；nowrap 表示将强制文本不换行，直到遇到标签为止。

（7）Display：用于指定如何显示元素。

子项目 4 "CSS 规则定义"对话框中的"方框"

在"CSS 规则定义"对话框左侧选择"方框"选项，可以在右侧看到关于"方框"的各项操作，如图 5.3.6 所示。

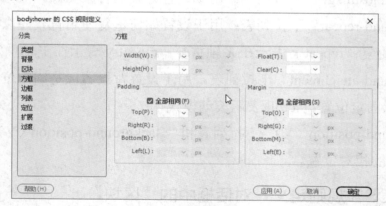

图 5.3.6 "CSS 规则定义"对话框中的"方框"

在"方框"设置区域可以设置网页元素在页面上的放置方式，其主要选项说明如下。

（1）"Width"下拉列表：用于设置网页元素的宽度。

（2）"Height"下拉列表：用于设置网页元素的高度。

（3）"Float"下拉列表：用于设置网页元素围绕哪个边进行浮动，有 left、right、none 这 3 个选项可供选择。

（4）"Clear"下拉列表：用于清除哪个边的 AP 元素，被清除的 AP 元素会被移动到该元素的下方。

（5）"Padding"选项区：用于设置内容与边框之间的距离，取消勾选"全部相同"复选框可以设置内容与各个边的间距值。

（6）"Margin"选项区：用于设置两个网页元素之间的边框距离，取消勾选"全部相同"复选框可以设置两个网页元素各个边的间距值。

子项目 5　"CSS 规则定义"对话框中的"边框"

在"CSS 规则定义"对话框左侧选择"边框"选项，可以在右侧看到关于"边框"的各项操作，如图 5.3.7 所示。

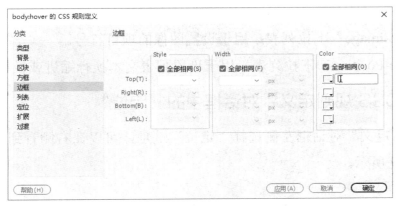

图 5.3.7　"CSS 规则定义"对话框中的"边框"

在"边框"设置区域可以设置网页元素周边的边框属性，如宽度、颜色等，其主要选项说明如下。

（1）"Style"选项区：用于设置边框的样式外观，取消勾选"全部相同"复选框可以设置网页元素各个边的边框样式。

（2）"Width"选项区：用于设置边框的粗细，取消勾选"全部相同"复选框可以设置网页元素各个边的边框粗细。

（3）"Color"选项区：用于设置边框的颜色，取消勾选"全部相同"复选框可以设置网页元素各个边的边框颜色。

子项目 6　"CSS 规则定义"对话框中的"列表"

在"CSS 规则定义"对话框左侧选择"列表"选项，可以在右侧看到关于"列表"的各项操作，如图 5.3.8 所示。

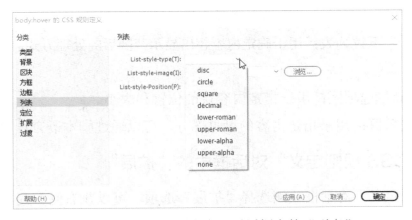

图 5.3.8　"CSS 规则定义"对话框中的"列表"

在"列表"设置区域可以设置列表标签的属性，如项目符号的大小、类型等，其主要选项说明如下。

（1）"List-style-type"下拉列表：用于设置项目符号或编号的外观，从图 5.3.8 中可以看出一共有 9 个选项。

（2）"List-style-image"下拉列表：用于设置图像的项目符号。

（3）"List-style-Position"下拉列表：用于设置列表文本换行缩进或换行不缩进。

子项目 7 "CSS 规则定义"对话框中的"定位"

在"CSS 规则定义"对话框左侧选择"定位"选项，可以在右侧看到关于"定位"的各项操作，如图 5.3.9 所示。

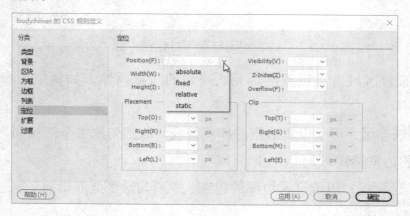

图 5.3.9 "CSS 规则定义"对话框中的"定位"

在"定位"设置区域可以设定 CSS 样式相关内容在页面上的定位方式，其部分选项说明如下。

（1）"Position"下拉列表：用于确定浏览器如何定位网页元素。

（2）"Visibility"下拉列表：用于确定内容的初始显示条件。在默认情况下，继承上一个内容的显示条件。

（3）"Z-Index"下拉列表：用于确定网页元素的层叠顺序。Z 值越大，层叠顺序越靠上。

（4）"Overflow"下拉列表：用于确定内容超出显示范围后的处理方式，可以设置为可见、隐藏、滚动等。

（5）"Placement"选项区：用于指定内容块的位置和大小。

（6）"Clip"选项区：用于指定内容的可见部分，可以通过脚本语言设置擦除等效果。

子项目 8 "CSS 规则定义"对话框中的"扩展"

在"CSS 规则定义"对话框左侧选择"扩展"选项，可以在右侧看到关于"扩展"的各项操作，如图 5.3.10 所示。

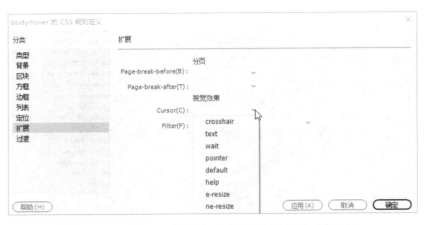

图 5.3.10　"CSS 规则定义"对话框中的"扩展"

在"扩展"设置区域可以设置滤镜、分页、指针等选项，其主要选项说明如下。

（1）"Page-break-before"下拉列表：用于设置在控制对象之前分页的方式。

（2）"Page-break-after"下拉列表：用于设置在控制对象之后分页的方式。

（3）"Cursor"下拉列表：用于设置当鼠标指针位于控制对象上时改变鼠标指针的图像，从图 5.3.10 中可以看出鼠标指针的图像样式。

（4）"Filter"下拉列表：用于设置对 CSS 样式控制对象实行的特殊效果，具体效果选项如图 5.3.11 所示。

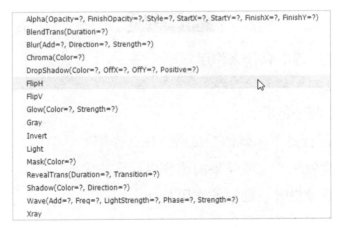

图 5.3.11　Filter 提供的特殊效果选项

子项目 9　"CSS 规则定义"对话框中的"过渡"

在"CSS 规则定义"对话框左侧选择"过渡"选项，可以在右侧看到关于"过渡"的各项操作，如图 5.3.12 所示。

在"过渡"设置区域可以设定 CSS 样式的过渡效果，取消勾选"所有可动画属性"复选框，单击 + 下拉按钮，在弹出的下拉列表中可以选择多种动画效果选项，如图 5.3.13 所示，为动画添加多效果。同时，可以设置动画的持续时间、延迟和计时功能等。

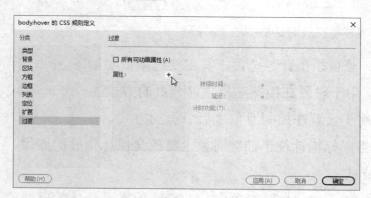

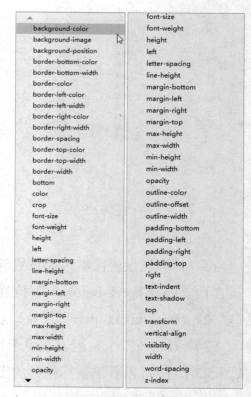

图 5.3.12　"CSS 规则定义"对话框中的"过渡"　　　图 5.3.13　选择多种动画效果选项

习题5

1. CSS 在网页制作过程中有什么作用？

2. CSS 在网页中以哪 3 种方式存在？

3. CSS 语法由哪 3 部分组成？

4. "CSS 设计器"面板的"@媒体"窗格有什么作用？

5. 什么是 CSS 过渡效果？过渡效果的速度由什么决定？

6. 在设置 CSS 过渡效果时，延迟的作用是什么？

7. 设置 CSS 属性有哪 3 种途径？

8. 如何打开"CSS 规则定义"对话框？

第 **6** 章

制作多媒体网页

 在网页中插入 HTML5 音频与 HTML5 视频

子项目 1 插入 HTML5 音频

在浏览网页时，我们经常会遇到这种情况：当打开关于森林网页时会听到鸟叫的声音；当打开关于书法或国画网页时，又会听到优美的古乐曲。这是因为网页使用了背景音乐。

为网页添加音频可以突出多媒体功能。Dreamweaver 支持 Ogg、WAV、MP3 等格式的音频文件，将这些音频文件应用到网页中的操作方法也非常简单。在进行具体的操作之前，需要将插入网页中的轻音乐、流水声或鸟叫声等音频文件提前准备好，并复制到"网站素材"文件夹中备用。

本项目以在 ntupian.html 网页中插入鸟叫声为例，介绍插入音频的步骤。在前面的操作中，已经为网页添加了一些鸟类的图片，在网页中插入对应鸟类的叫声可以让浏览者对该鸟类有一个更全面的了解。

在 Dreamweaver 中打开 ntupian.html 网页，并输入简单的文字介绍，效果如图 6.1.1 所示。

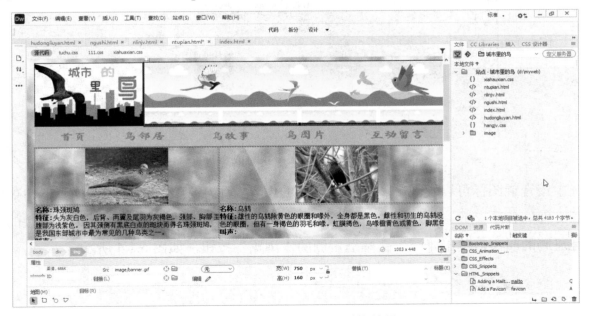

图 6.1.1 ntupian.html 网页的效果

　　将鼠标指针移动到需要插入音频文件的位置并单击，使光标处于该位置。选择菜单栏中的"插入"→"HTML"→"HTML5 Audio"命令，如图 6.1.2 所示。

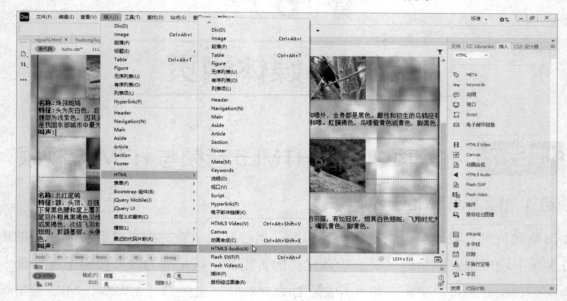

图 6.1.2　选择"HTML5 Audio"命令

网页中出现音频图标，如图 6.1.3 所示。

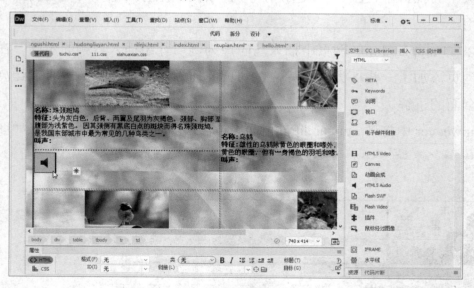

图 6.1.3　网页中出现音频图标

　　选中该音频图标可以发现，属性检查器中的内容发生相应变化。在属性检查器中可以设置音频文件的各项参数，输入鸟类名称作为音频文件的 ID，此处输入"banjiu"，链接的音频文件是斑鸠的叫声，单击"源"文本框右侧的"浏览"按钮，如图 6.1.4 所示。

图 6.1.4　单击"浏览"按钮

在弹出的"选择音频"对话框中选择存放音频文件的文件夹，并在该文件夹中选择需要的音频文件，如图 6.1.5 所示，单击"确定"按钮。

由于该音频文件并不属于网站内的文件，因此会弹出提示对话框，单击"是"按钮，如图 6.1.6 所示。

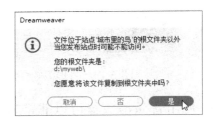

图 6.1.5　选择需要的音频文件　　　　　　　　　图 6.1.6　单击"是"按钮

首先在弹出的"复制文件为"对话框中新建一个名为"audio"的文件夹，用于存放音频文件。然后打开"audio"文件夹，将音频文件存放到该文件夹中，如图 6.1.7 所示。

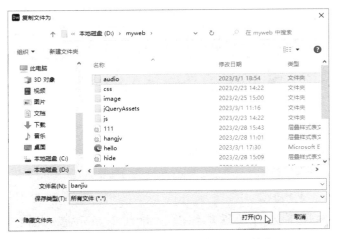

图 6.1.7　"复制文件为"对话框

此时，属性检查器的"源"文本框中显示音频文件的相关信息，如图 6.1.8 所示。

图 6.1.8　显示音频文件的相关信息

此时，音频文件已经插入网页中，但是音频文件还不能播放，要想播放音频文件，就需要在浏览器中打开网页。保存网页后，在浏览器中打开网页，预览网页效果如图 6.1.9 所示。

单击"播放"按钮，音乐播放器开始工作，而用户就可以听到悦耳的鸟叫声了，如图 6.1.10 所示。

图 6.1.9　预览网页效果　　　　　　　　图 6.1.10　音乐播放器开始工作

用户使用音乐播放器可以非常方便地对音频进行播放、暂停、停止等操作，也可以通过设置隐藏播放器来对音频进行自动播放、循环播放、静音等操作。

在属性检查器右侧的空白处双击可以将属性检查器完全打开，此时，用户可以设置播放音频文件的控制参数，如图 6.1.11 所示。取消勾选"Controls"复选框表示隐藏播放器的各个按钮，勾选"Autoplay"复选框表示自动播放音频文件，勾选"Loop"复选框表示循环播放音频文件，勾选"Muted"复选框表示静音，如图 6.1.11 所示。

图 6.1.11　设置播放音频文件的控制参数

将网页中的音频文件设置为自动循环播放，并且不显示播放器控制按钮。保存网页后，在浏览器中预览并验证效果。

子项目 2　插入 HTML5 视频

在网页中插入视频文件可以丰富网页的表现内容，提升网站的观赏性，使网站传播的内容更加形象和具体，表达也更加准确。

本项目以在网页中插入一段鸟类视频为例，介绍插入视频的步骤。

首先打开 nlinjv.html 网页，将鼠标指针移动到需要插入视频文件的位置，然后选择菜单栏中的"插入"→"HTML"→"HTML5 Video"命令，如图 6.1.12 所示。

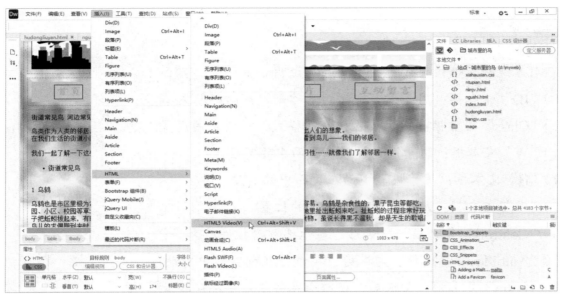

图 6.1.12　选择"HTML5 Video"命令

网页中出现视频图标，如图 6.1.13 所示。

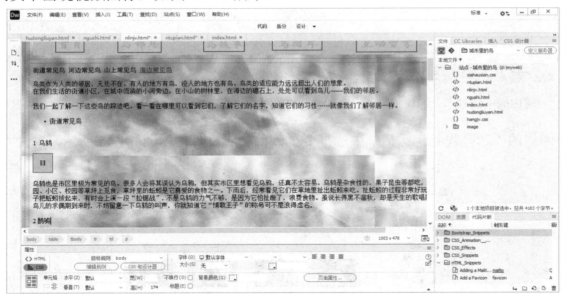

图 6.1.13　网页中出现视频图标

选中视频图标可以发现，属性检查器中的内容发生相应变化。在属性检查器的"ID"文本框中输入"wudong"，将"W"值设置为"320"像素，"H"值设置为"240"像素，即设置视频播放时宽度为 320 像素，高度为 240 像素，单击"源"文本框右侧的"浏览"按钮，如图 6.1.14 所示。

图 6.1.14　单击"浏览"按钮

读一读

HTML5 视频属性检查器中的主要选项说明如下。

（1）"ID"文本框：用于设置视频的名称或视频的标题文字。

（2）"Class"文本框：用于设置视频的样式，一般不用设置。

（3）"W"文本框：用于设置视频在页面中的宽度。

（4）"H"文本框：用于设置视频在页面中的高度。

（5）"源"文本框：用于设置视频文件的位置。

（6）"Controls"复选框：勾选后，显示播放器控件。

（7）"AutoPlay"复选框：勾选后，视频会在浏览器中自动播放。

（8）"Loop"复选框：勾选后，视频会在浏览器中循环播放。

（9）"Muted"复选框：勾选后，视频被设置为静音。

（10）"Alt 源 1"文本框：当浏览器不支持"源"文本框中的视频文件格式时，播放此视频文件。

（11）"Alt 源 2"文本框：当浏览器不支持"源"文本框和"Alt 源 1"文本框中的视频文件格式时，播放此视频文件。

（12）"Flash 回退"文本框：在不支持 HTML5 视频的浏览器中显示 SWF 文件。

在弹出的"选择视频"对话框中选择要插入的视频文件，如图 6.1.15 所示，单击"确定"按钮。

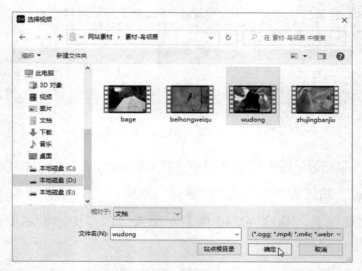

图 6.1.15　选择要插入的视频文件

此时会弹出提示对话框，询问是否将视频文件保存到网站根目录下，单击"是"按钮，如图 6.1.16 所示。

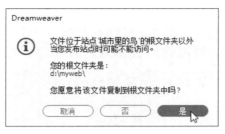

图 6.1.16　单击"是"按钮

在弹出的"复制文件为"对话框中新建一个名为"video"的文件夹并打开，将视频文件复制到网站的"video"文件夹中，如图 6.1.17 所示。

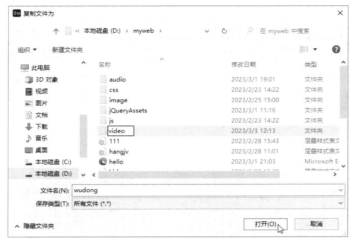

图 6.1.17　"复制文件为"对话框

此时，网页中视频控件的大小发生变化，如图 6.1.18 所示。属性检查器的"源"文本框中出现了视频文件的相关信息。

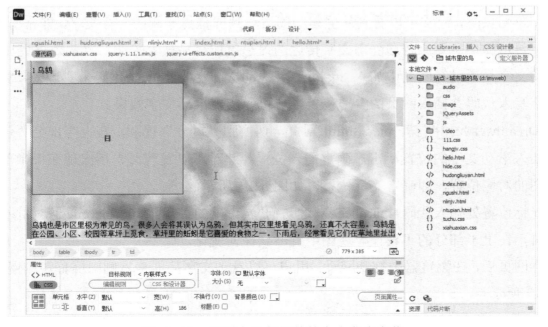

图 6.1.18　网页中视频控件的大小发生变化

保存网页后，在浏览器中打开网页，预览网页效果如图 6.1.19 所示。

单击"播放"按钮，开始播放视频，如图 6.1.20 所示。

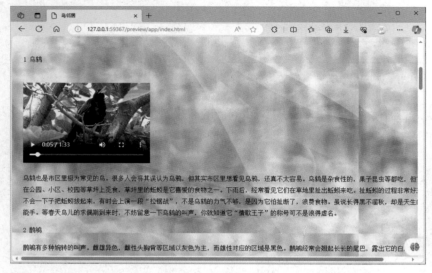

图 6.1.19　预览网页效果

图 6.1.20　播放视频

　　将网页中的视频文件设置为自动循环播放，并且不显示播放器控制按钮。保存网页后，在浏览器中预览并验证效果。

项目 2　实现文字与图像的动态效果

子项目 1　滚动文字效果

　　在浏览网页时，经常可以看到从屏幕一侧滚动到屏幕另一侧的一行文字，非常引人注意，这行文字传达的信息要比普通静态文字传达的信息更加容易被人关注，宣传效果更加明显。

　　滚动文字是通过在网页中加入<marquee>"滚动文字"</marquee>代码来实现的，将需要滚动的文字写入代码并插入网页的合适位置，就可以实现滚动文字效果。

　　在 Dreamweaver 中打开 index.html 网页，切换到"拆分"视图，在上半部分"设计"视图中要插入滚动文字的位置单击，确定插入位置。此时可以发现，光标出现在下半部分"代码"视图的对应位置，即确定光标位置，如图 6.2.1 所示。

　　在光标位置处输入代码<marquee>欢迎访问"城市里的鸟"网站！</marquee>，如图 6.2.2 所示。此时，在上半部分的"设计"视图中看不到任何变化。

　　保存网页后，在浏览器中打开网页，用户可以看到文字从屏幕右侧向屏幕左侧慢慢滚动，如图 6.2.3 所示。

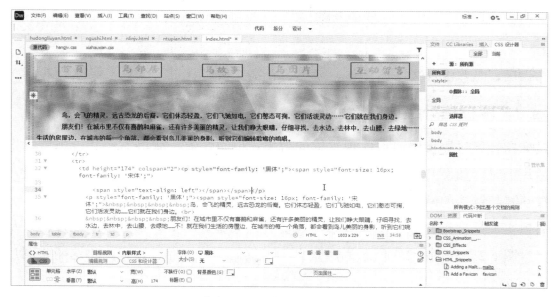

图 6.2.1　确定光标位置

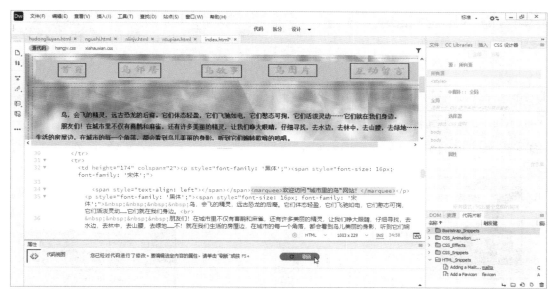

图 6.2.2　输入代码

图 6.2.3　预览滚动文字效果

做一做

修改代码，更改滚动文字的字体、颜色，并在"实时视图"中观察实际效果。

子项目 2 鼠标指针经过图像效果

当鼠标指针经过图像时可以实现这样的效果：网页中有一张静态图片，当鼠标指针移动到这张图片上时，该图片会变为另一张图片，用于提醒浏览者这张图片存在超链接，单击图片可以打开其超链接的网页。

如果想实现鼠标指针经过图像效果，则要事先准备好两张大小一致的图片，以及其超链接的网页。图 6.2.4 和图 6.2.5 所示为两张大小一致的图片，经过设置，将这两张图片超链接到 hudongliuyan.html 网页。

图 6.2.4 图片 1 　　　　　　　　　　　　　　图 6.2.5 图片 2

在 Dreamweaver 中打开 index.html 网页，首先确定光标的位置，然后选择菜单栏中的"插入"→"HTML"→"鼠标经过图像"命令，如图 6.2.6 所示。

图 6.2.6 选择"鼠标经过图像"命令

弹出如图 6.2.7 所示的"插入鼠标经过图像"对话框，在"图像名称"文本框中输入"liuyan"作为图像名称，单击"原始图像"文本框右侧的"浏览"按钮。在弹出的"原始图像"对话框中选择事先准备好的图片 1，单击"确定"按钮，如图 6.2.8 所示。

图 6.2.7　"插入鼠标经过图像"对话框　　　　　　图 6.2.8　选择图片 1

重复上面的操作，在"插入鼠标经过图像"对话框中，单击"鼠标经过图像"文本框右侧的"浏览"按钮，在弹出的"原始图像"对话框中选择事先准备好的图片 2，在"替换文本"文本框中输入"欢迎您留言"，单击"按下时，前往的 URL"文本框右侧的"浏览"按钮，如图 6.2.9 所示。

弹出"单击后，转到 URL"对话框，选择 hudongliuyan.html 网页文件，如图 6.2.10 所示，单击"确定"按钮。

图 6.2.9　单击"浏览"按钮　　　　　　图 6.2.10　选择 hudongliuyan.html 网页文件

返回"插入鼠标经过图像"对话框，单击"确定"按钮，如图 6.2.11 所示。

图 6.2.11　单击"确定"按钮

此时，在网页的光标位置出现了图片 1，如图 6.2.12 所示。

图 6.2.12　光标位置出现了图片 1

保存网页后，在浏览器中打开网页，将鼠标指针移动到刚插入的图片上可以发现，图片变为另一张图片，同时鼠标指针变为手形，如图 6.2.13 所示。单击该图片，即可打开 hudongliuyan.html 网页，如图 6.2.14 所示。

图 6.2.13　鼠标指针变为手形　　　　　　图 6.2.14　打开 hudongliuyan.html 网页

子项目 3　插入日期和时间

Dreamweaver 还提供了插入日期和时间的功能，显示的是制作网页当天的日期和保存网页的时间。此后，在每一次更新网页、保存网页时，该日期和时间都会自动更新。

打开 index.html 网页，并在网页底部输入"本网站最后更新于："，如图 6.2.15 所示。下面介绍在这一行文字的后面插入日期和时间。

选择菜单栏中的"插入"→"HTML"→"日期"命令，如图 6.2.16 所示。

图 6.2.15　在网页底部输入"本网站最后更新于："

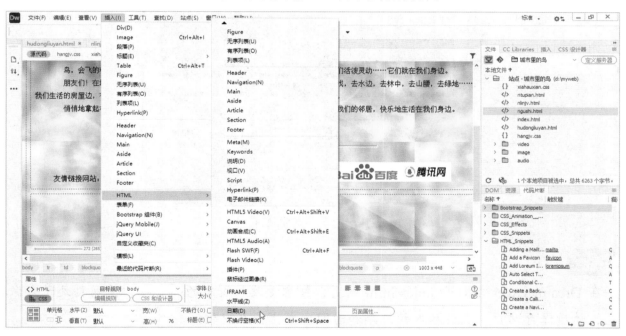

图 6.2.16　选择"日期"命令

　　在弹出的"插入日期"对话框中分别确定"星期格式""日期格式""时间格式"，并勾选"储存时自动更新"复选框，单击"确定"按钮，如图 6.2.17 所示。

　　此时可以发现，网页底部出现当前日期、星期和时间，如图 6.2.18 所示。

　　保存网页后，在浏览器中预览网页，如图 6.2.19 所示。

图 6.2.17　单击"确定"按钮

图 6.2.18　网页底部出现当前日期、星期和时间

图 6.2.19　预览网页

　　在 Dreamweaver 中打开 index.html 网页，任意更改网页中的一个字，使网页处于未保存状态，随后保存网页，观察插入的日期和时间会发生什么变化。

习题 6

1. Dreamweaver 支持哪些格式的音频文件？
2. 如何设置音频自动循环播放？
3. 在设置 HTML5 视频时，为什么要设置两个 Alt 源？
4. 插入滚动文字的代码是什么？
5. 鼠标指针经过图像能产生什么样的效果？
6. 插入日期和时间的作用是什么？

第  章

使用表单

项目 1　创建表单网页

在网上浏览时，经常会看到一些网页具有留言簿功能，它方便了浏览者与网页设计者之间的交流，实现了网页的互动性。

留言簿等功能可以使用表单来实现。表单是用来收集访问者信息的域集，可以实现网页与浏览者之间的交互，达到为浏览者收集信息的目的。设计表单时经常使用单选按钮、复选框和下拉按钮等，这样不仅可以减少浏览者的文本输入，还有利于有效数据的收集和反馈，能够尽可能地为网页设计者和浏览者提供便利。

子项目 1　插入表单

简单来说，表单就是用户可以在网页中填写信息的表格，其作用是接收用户信息并将其提交给 Web 服务器上特定的程序进行处理。表单域又被称为"表单控件"，是表单的基本组成元素之一。用户通过表单中的表单域输入信息或选择项目。

在建立表单网页前，先要建立一个表单域。Dreamweaver 提供了大量的表单元素，在面板组中打开"插入"面板，选择"表单"选项卡，可以看到各种表单元素，使用这些表单元素就可以制作一个简单的表单网页。

在 Dreamweaver 中打开 hudongliuyan.html 网页，如图 7.1.1 所示，将表格中的说明文字"本网页正在制作中……"删除。

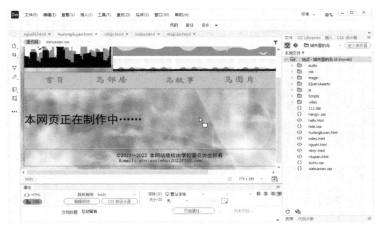

图 7.1.1　打开 hudongliuyan.html 网页

选择菜单栏中的"插入"→"表单"→"表单"命令，如图 7.1.2 所示。

图 7.1.2　选择"表单"命令

读一读

在"表单"下拉菜单中有多个命令可以选择，选择不同的命令就可以实现插入不同表单元素的效果。一般常用的表单命令有以下几种。

（1）"表单"命令：用于插入一个表单，只有在表单区域插入的信息才会被提交到服务器中。

（2）"文本"命令：用于在表单中插入一行文本。

（3）"文本区域"命令：用于在表单中插入多行文本。

（4）"按钮"命令：用于在表单中插入文本按钮，单击时实现提交或重置表单的命令。

（5）"文件"命令：用于在表单中插入文件，浏览硬盘上的文件并提交。

（6）"图像按钮"命令：用于在表单中插入图像，可以用它生成图像化按钮。

（7）"隐藏"命令：用于在表单域中插入一个储存用户信息的域，实现浏览器和服务器在后台隐藏地交换信息。

（8）"选择"命令：用于在表单中插入下拉列表或菜单。

（9）"单选按钮"命令：用于在表单中插入一个单选按钮，代表相互排斥的选择。

此时可以发现，网页中出现了一个红色虚线框，该虚线框中的区域被称为"表单域"，之后所有的表单元素都要插入这个虚线框中，这样所有的信息将得到统一处理，如图 7.1.3 所示。

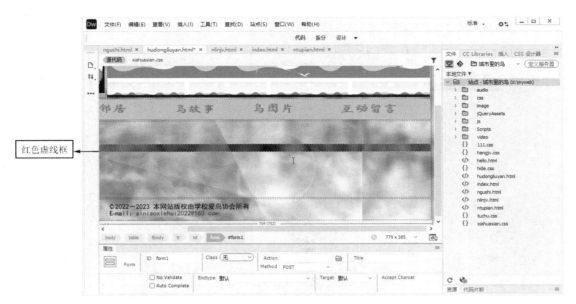

图 7.1.3　插入表单域

选中表单时，属性检查器中的内容会自动更新为与之相关的选项，主要选项说明如下。

（1）"ID"文本框：用于设置表单的名称。

（2）"Class"下拉列表：用于设置应用在表单上的样式。

（3）"Action"文本框：用于设置表单的服务器脚本路径。例如，使用 mailto:将信息发送到邮箱。

（4）"Method"下拉列表：用于设置提交表单后反馈页面的打开方式。

（5）"Enctype"下拉列表：发送信息数据的编码类型。

在插入其他表单元素时，Dreamweaver 会自动生成一个表单域。之所以强调表单域这个概念，是为了提醒用户：所有的表单元素都必须在同一个表单域中，否则，在处理表单信息时不会作为一个整体提交到服务器中。

子项目 2　文本

文本是供浏览者输入文字的文本框，我们可以通过设置来决定文本框中最多可输入的字数。

首先在红色虚线框中输入"请输入您的网名："，然后选择菜单栏中的"插入"→"表单"→"文本"命令，如图 7.1.4 所示。

光标位置出现"Text Field"文字和一个文本框，如图 7.1.5 所示。此时，文本框处于被选中状态，Dreamweaver 窗口底部的属性检查器中显示的是文本框的设置项。由于此文本框中输入的是留言者的网名，因此在"Name"文本框中输入"name"作为该文本框的标识。

将文本框前面的"Text Field"文字删除。此时，成功添加文本框，如图 7.1.6 所示。

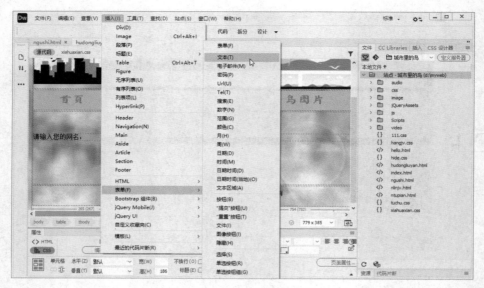

图 7.1.4　选择"文本"命令

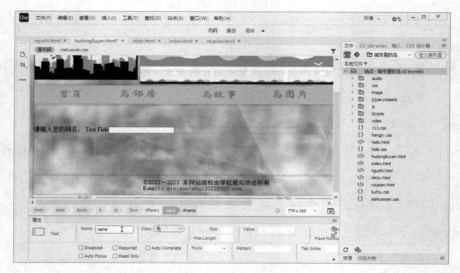

图 7.1.5　光标位置出现"Text Field"文字和一个文本框

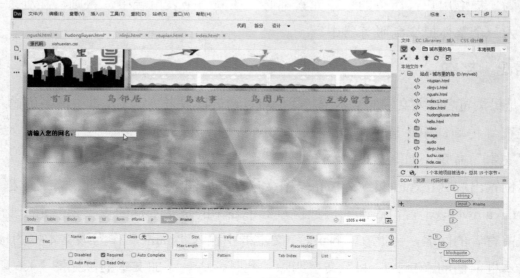

图 7.1.6　成功添加文本框

当选中文本框时，属性检查器中的内容发生变化，显示的是文本框的设置选项，主要选项说明如下。

（1）"Name"文本框：用于输入文本框的名称。

（2）"Class"下拉列表：用于设置应用在文本框上的导航样式。

（3）"Size"文本框：用于设置文本框的长度，以英文字符个数为基础。

（4）"Max Length"文本框：用于指定文本框的最大字符数。

（5）"Value"文本框：用于设置文本框中默认的显示文本。

（6）"Disabled"复选框：勾选后，禁止在文本框中输入内容。

（7）"Required"复选框：勾选后，要求在提交表单时，必须为文本框输入内容。

（8）"Auto Focus"复选框：勾选后，在支持 HTML5 的浏览器中打开表单时，鼠标指针会自动出现在该文本框中。

（9）"Read Only"复选框：勾选后，文本框为只读属性，不可更改内容。

（10）"Auto Complete"复选框：勾选后，文本框启动自动完成功能。

（11）"Pattern"文本框：用于设置验证输入内容的字段模式。

在其他表单项目的属性检查器中大多也包含这些内容，它们的作用基本相同。

选中插入的文本框，在属性检查器中将"Size"设置为"10"，也就是设置文本框的长度为 10 个字符，即 5 个汉字。在文档编辑区单击可以发现，文本框的长度缩短了，如图 7.1.7 所示。

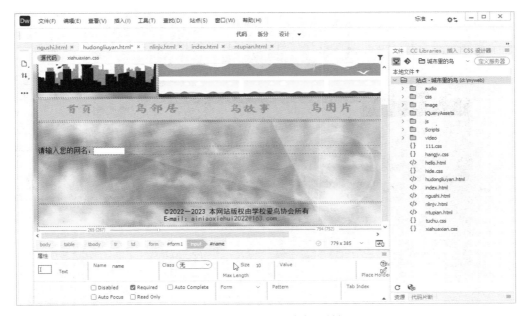

图 7.1.7　更改文本框属性

子项目 3　文本区域

有时需要输入多行文字，并且在文本框的右侧和下方都要出现滚动条，这就需要将文本设置为文本区域，也就是多行文本框。

首先在文本框后按 Enter 键，另起一行，并输入"留言内容："，然后选择菜单栏中的"插入"→"表单"→"文本区域"命令，如图 7.1.8 所示。

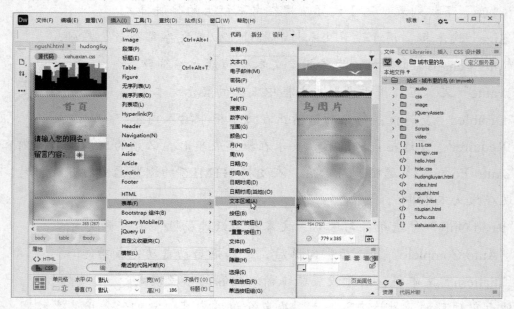

图 7.1.8　选择"文本区域"命令

光标位置出现"Text Area"文字和一个文本框，这个文本框明显要比第 1 个文本框高，并且右侧还有垂直滚动条，如图 7.1.9 所示。此时，文本框处于被选中状态，Dreamweaver 窗口底部的属性检查器中显示文本框的设置选项，在"Name"文本框中输入"neirong"作为该文本框的标识。

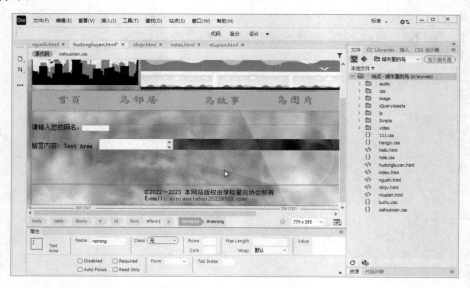

图 7.1.9　光标位置出现"Text Area"文字和一个文本框

读一读

当选中文本区域时，属性检查器中的内容发生变化，显示的是文本区域的设置选项，其主要选项的说明如下。

（1）"Name"文本框：用于设置文本区域的名称。

（2）"Rows"文本框：用于设置文本区域内横向上可输入的字符数。

（3）"Cols"文本框：用于设置文本区域的行数。当实际行数大于该值时，自动出现滚动条。

（4）"Disabled"复选框：勾选后，禁止在该文本区域输入内容。

（5）"Read Only"复选框：勾选后，该文本区域为只读属性，禁止修改内容。

（6）"Class"下拉列表：用于选择该文本区域的样式。

（7）"Value"文本框：用于输入文本区域的默认显示内容。

（8）"Wrap"下拉列表：用于选择文本区域内的换行模式，包括"默认""Soft"（软回车）"Hard"（硬回车）3 个选项。

将文本框前面的"Text Area"文字删除，如图 7.1.10 所示。

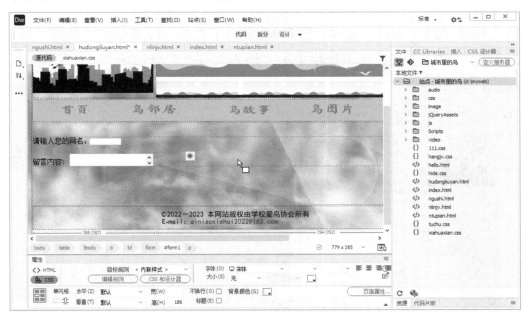

图 7.1.10　删除"Text Area"文字

选中文本区域框，在属性检查器中将"Rows"设置为"10"，"Cols"设置为"50"，即文本区域初始显示为 10 行，每行可以输入 50 个字符。在"Value"文本框中输入"欢迎您留言交流！"，勾选"Required"复选框，设置此项为必填项，如图 7.1.11 所示。在网页任意位置单击可以发现，文本区域框变大，同时在文本区域中显示"欢迎您留言交流！"一行文字。

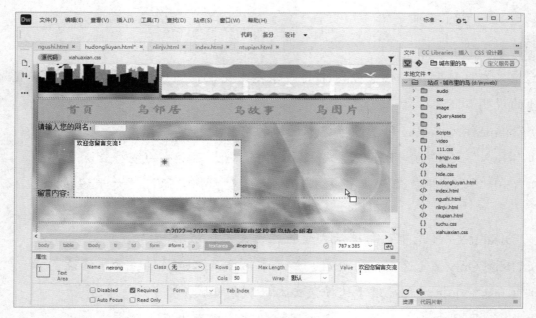

图 7.1.11　更改文本区域属性

子项目 4　单选按钮与单选按钮组

单选按钮就像单选题，浏览者只能在众多选项中选择一个。单选按钮的用途十分广泛。下面以建立性别栏为例，介绍如何建立单选按钮。

首先将光标移动到文本区域左端，按 Enter 键，在文本框与文本区域之间空出一行，然后将光标移动到这个空行中，选择菜单栏中的"插入"→"表单"→"单选按钮组"命令，如图 7.1.12 所示。

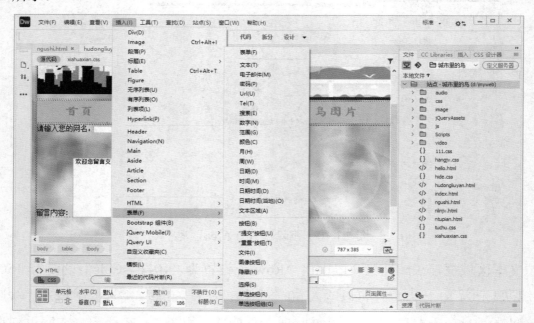

图 7.1.12　选择"单选按钮组"命令

如图 7.1.13 所示，在弹出的"单选按钮组"对话框中，修改第 1 个单选按钮的"标签"

为"男"，第 2 个单选按钮的"标签"为"女"，也可以单击 ＋ 按钮或 ━ 按钮来增加或减少单选按钮，单击"确定"按钮。

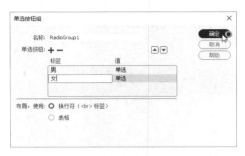

图 7.1.13　"单选按钮组"对话框

读一读

"单选按钮组"对话框中的主要选项说明如下。

（1）"名称"文本框：用于输入单选按钮组的名称。

（2）"标签"列表：用于设置单选按钮的文字说明。

（3）"值"列表：用于设置单选按钮的值。

（4）"换行符"单选按钮：选中后，单选按钮在网页中直接换行。

（5）"表格"单选按钮：选中后，自动插入表格用于单选按钮换行。

此时可以发现，光标所在位置出现了两个单选按钮，也就是插入两个单选按钮，如图 7.1.14 所示。

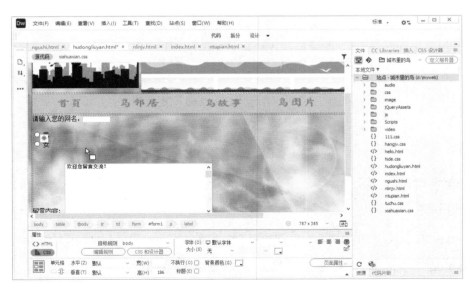

图 7.1.14　插入两个单选按钮

将两个单选按钮调整到一行，并在适当位置输入文字"性别："，如图 7.1.15 所示。

选中"男"单选按钮，并在属性检查器中勾选"Checked"复选框，即设置默认选择其性别为"男"，如图 7.1.16 所示。此时可以发现，"男"单选按钮中出现一个黑点。

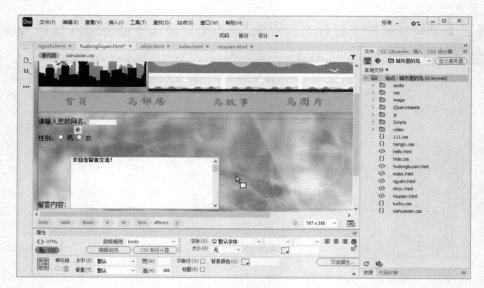

图 7.1.15　调整单选按钮位置并输入文字

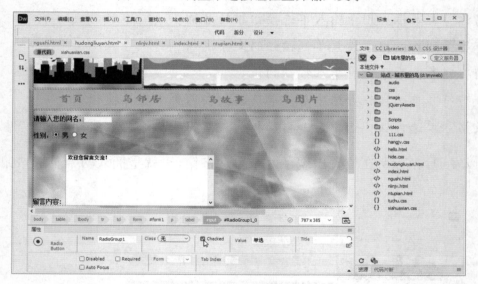

图 7.1.16　勾选 "Checked" 复选框

读一读

当选中单选按钮时，属性检查器中的内容发生变化，显示的是单选按钮的设置选项，其主要选项的说明如下。

（1）"Name" 文本框：用于输入单选按钮的名称。

（2）"Disabled" 复选框：勾选后，禁止使用该单选按钮。

（3）"Required" 复选框：勾选后，要求在提交表单时必须选中该单选按钮。

（4）"Auto Focus" 复选框：勾选后，在支持 HTML5 的浏览器中显示该网页时，鼠标指针会自动聚焦到该单选按钮上。

（5）"Class" 下拉列表：用于指定单选按钮所要使用的样式。

（6）"Form"下拉列表：用于设置单选按钮所在的表单。

（7）"Checked"复选框：用于设置当前单选按钮的初始状态。

（8）"Value"文本框：用于设置单选按钮的值，该值会在上传表单时传到服务器上。

在上面的操作中，默认选中"男"单选按钮，当然也可以设置默认选中"女"单选按钮。需要注意的是，在一个表单域中只允许一个单选按钮被选中，如果有多组单选按钮，则需要插入多个表单域，每个表单域中插入一组单选按钮。

子项目 5　复选框

复选框可供浏览者同时选择一个或多个选项，其设置方法与单选按钮的设置方法类似。先在单选按钮和文本区域之间空出一行，再将光标移动到这个空行中，选择菜单栏中的"插入"→"表单"→"复选框组"命令，如图 7.1.17 所示。

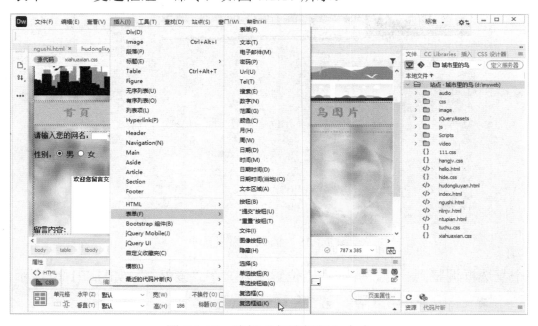

图 7.1.17　选择"复选框组"命令

弹出"复选框组"对话框，如图 7.1.18 所示，在"名称"文本框中输入"爱好"作为该复选框组的名称，将复选框的标签依次改为观鸟、摄影、旅游、运动等，单击"确定"按钮。

图 7.1.18　"复选框组"对话框

"复选框组"对话框中各设置选项的主要说明如下。

（1）"名称"文本框：用于输入复选框的名称。

（2）"标签"列表：用于设置复选框的文字说明。

（3）"值"列表：用于设置复选框的值。

（4）"换行符"单选按钮：选中后，复选框在网页中直接换行。

（5）"表格"单选按钮：选中后，自动插入表格用于复选框换行。

此时可以发现，光标所在位置插入一组复选框，如图 7.1.19 所示。

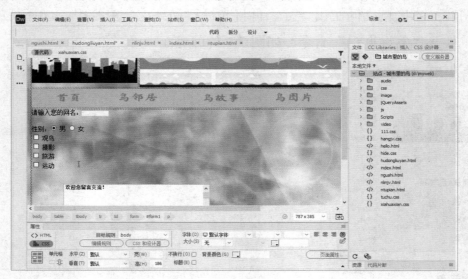

图 7.1.19　插入一组复选框

将多个复选框调整到一行，并在适当位置输入文字"爱好："，如图 7.1.20 所示。

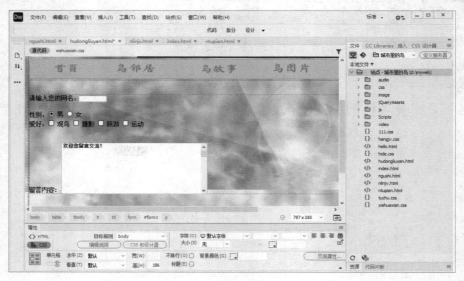

图 7.1.20　调整复选框位置并输入文字

复选框的属性也可以进行设置，如设置初始状态等，其设置方法与设置其他表单元素的设置方法类似，大家可以自行设置。

读一读

当选中复选框时，属性检查器中的内容发生变化（见图 7.1.21），显示的是复选框的设置选项，其主要选项的说明如下。

图 7.1.21　复选框的属性检查器

（1）"Name" 文本框：用于输入复选框的名称。

（2）"Disabled" 复选框：勾选后，禁止使用该复选框。

（3）"Required" 复选框：勾选后，在提交表单时，必须勾选该复选框。

（4）"Auto Focus" 复选框：勾选后，在支持 HTML5 的浏览器中打开该网页时，鼠标指针会自动指向复选框。

（5）"Class" 下拉列表：用于指定该复选框的类样式。

（6）"Form" 下拉列表：用于设置该复选框的表单。

（7）"Checked" 复选框：用于设置该复选框的初始状态。

（8）"Value" 文本框：用于设置该复选框被选中的值。

子项目 6　选择

选择也是一种表单元素，其实就是下拉列表。它可以显示选项列表，既可以为留言者提供便利，又便于管理员对留言内容进行管理。选择常被应用于登记表上，如在询问国家、省份、受教育程度时经常见到下拉列表。

在复选框后另起一行，输入 "来自："，选择菜单栏中的 "插入" → "表单" → "选择" 命令，如图 7.1.22 所示，在文档编辑区单击可以看到，文字后面插入一个 "选择" 表单元素，如图 7.1.23 所示。

选中 "选择" 表单元素，首先在属性检查器的 "Name" 文本框中输入 "jiaxiang" 作为该表单元素的名称，然后单击 "列表值" 按钮，如图 7.1.24 所示。

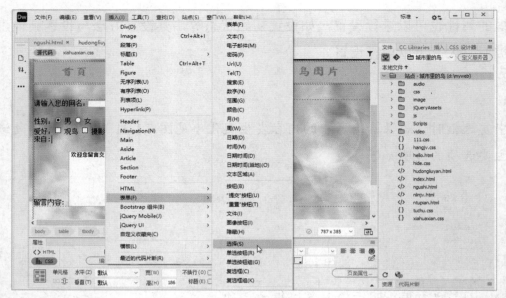

图 7.1.22　选择"选择"命令

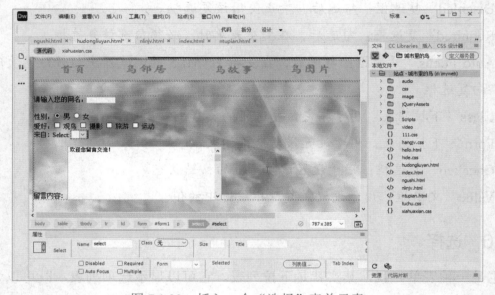

图 7.1.23　插入一个"选择"表单元素

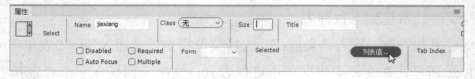

图 7.1.24　单击"列表值"按钮

读一读

　　选中"选择"表单元素时，属性检查器中的内容发生变化，显示的是"选择"表单元素的设置选项，其主要选项的说明如下。

　　（1）"Name"文本框：用于输入该选择的名称。

　　（2）"Disabled"复选框：勾选后，禁止使用该选择。

（3）"Required"复选框：勾选后，在提交表单时，必须选择一个选择。

（4）"Auto Focus"复选框：勾选后，在支持 HTML5 的浏览器中打开该网页时，鼠标指针会自动指向该选择。

（5）"Multiple"复选框：勾选后，允许用户选择多个选项（按住 Ctrl 键选择）。

（6）"Class"下拉列表：用于指定该选择的样式。

（7）"Form"下拉列表：用于设置该选择的表单。

（8）"Size"文本框：用于指定该选择所能容纳的数量。

（9）"Selected"列表框：用于显示当前选择内包含的选项。

（10）"列表值"按钮：用于输入或修改选择的各个项目。

弹出"列表值"对话框，在"项目标签"列表中输入"北京""上海""天津""重庆""黑龙江"等。在输入过程中，单击 ➕ 按钮可以增加列表值，单击 ➖ 按钮可以减少列表值。输入完之后，单击"确定"按钮，如图 7.1.25 所示。

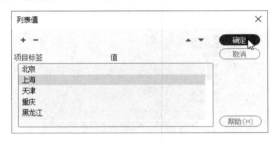

图 7.1.25　单击"确定"按钮

选中"选择"表单元素，在属性检查器中选择"Selected"列表框中的"北京"选项，如图 7.1.26 所示，这样表单域中"来自："右侧的下拉列表中出现"北京"，并作为默认值。

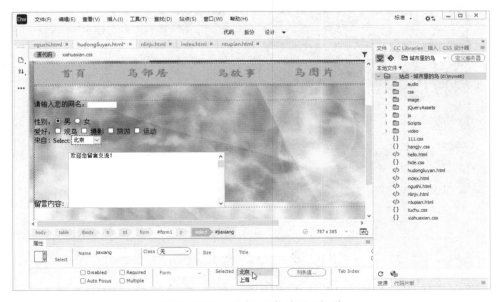

图 7.1.26　选择"北京"选项

子项目7　按钮

按钮是一种常见的表单元素，几乎所有的对话框和表单都离不开它，其中最常用的就是"确定"按钮。

在表单域底部单击，出现光标后按 Enter 键另起一行。选择菜单栏中的"插入"→"表单"→"'提交'按钮"命令，如图 7.1.27 所示。

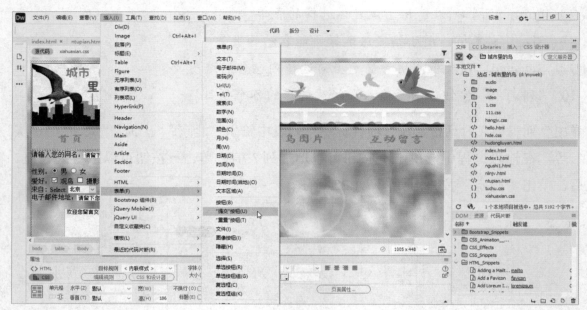

图 7.1.27　选择"'提交'按钮"命令

此时，表单域下方插入一个"提交"按钮，如图 7.1.28 所示。

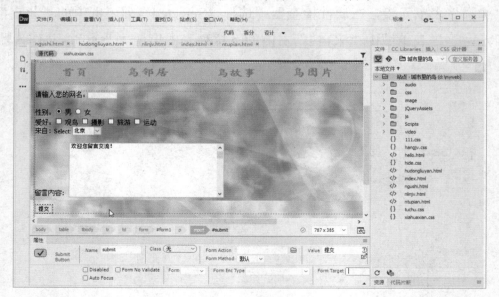

图 7.1.28　插入"提交"按钮

首先在"提交"按钮后单击，确定光标位置，然后选择菜单栏中的"插入"→"表单"→"'重置'按钮"命令，如图 7.1.29 所示。

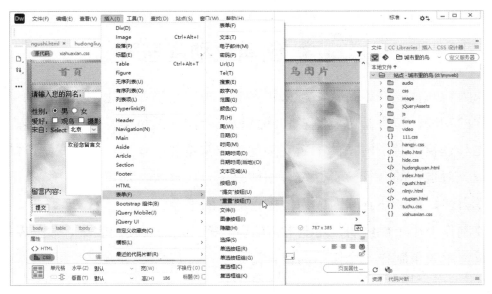

图 7.1.29 选择"'重置'按钮"命令

此时，表单域中插入"重置"按钮，如图 7.1.30 所示。当单击"提交"按钮时，表单内容被提交；当单击"重置"按钮时，所有填写内容被清空，等待重新填写。

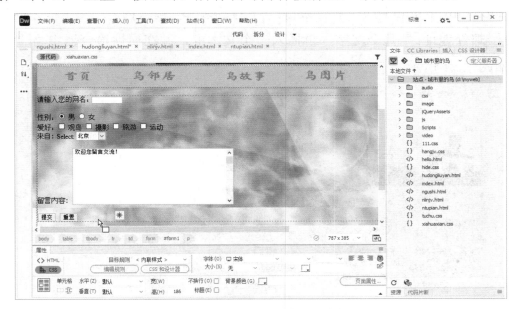

图 7.1.30 插入"重置"按钮

按钮一共有 3 种类型："提交"按钮是将表单资料传送到相应位置；"重置"按钮是将表单资料全部清除，等待重新输入；"无"是常规按钮，可以与其他程序相连，作为打开其他程序的按钮。

表单元素还包括文件域、图像域、隐藏域等。由于本项目并未涉及，因此没有进行详细的介绍。请大家自行插入这些表单元素，并了解它们的作用，最后删除即可。

项目 2　创建互动留言簿

在这个人人皆媒体的网络时代，越来越多的人把网络当作表达个人观点的场所，留言簿就承担着这样的功能。留言簿是浏览者和网站设计者沟通的桥梁，一个好的留言簿可以记录浏览者的意见和建议，对于网站的不断完善起到非常重要的作用，但互联网不是法外之地，每一个人都应该对自己的言行负责，发言不能只图自己痛快，却置法律法规于不顾，只有谨言慎行、自觉自律，才能让互联网成为传播正能量的平台。

如果想要制作一个个性鲜明、功能丰富的留言簿，则需要使用表单、数据库等多种对象。在此，我们只使用表单制作一个简单的留言簿。

子项目 1　完善留言簿表单栏目

留言簿包含的内容应该具有针对性，同时让浏览者输入电子邮件地址，方便以后与他们联系。

打开 hudongliuyan.html 网页，在"来自："下拉列表和"留言内容"文本框之间另起一行，先输入"电子邮件地址："几个文字，再插入一个文本框，并在属性检查器中将"Size"设置为"25"，如图 7.2.1 所示。

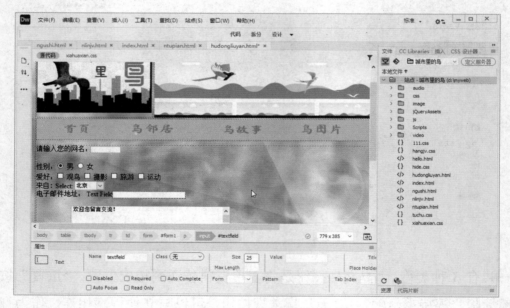

图 7.2.1　插入电子邮件地址栏

设置"电子邮件地址："文本框，并删除"Text Field"文字，以达到美化网页的效果，如图 7.2.2 所示。

保存网页后，在浏览器中打开网页，预览网页，如图 7.2.3 所示。

对于不满意的地方，可以返回 Dreamweaver 进行修改，然后保存并预览，直到满意为止。

图 7.2.2　设置"电子邮件地址："文本框

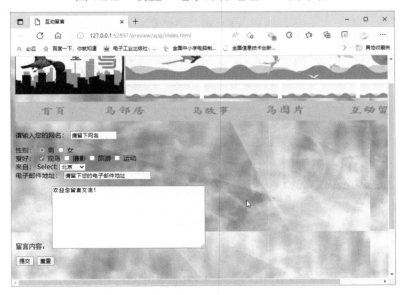

图 7.2.3　预览网页

子项目 2　提交表单信息

表单有两个重要的组成部分：一个是描述表单的 HTML 源代码，另一个是用于处理用户在表单域中输入信息的服务器端应用程序或客户端脚本。浏览者在页面上看到的表单元素，仅提供输入信息的功能。在浏览者单击表单中的"提交"按钮后，表单信息会先上传到服务器中，然后由事先编辑好的 CGI 或 ASP 程序来处理，最后服务器将处理结果发送到浏览器中，也就是浏览者提交表单后出现的页面。

下面介绍设置表单信息的提交方法。将鼠标指针移动到表单域虚线上并单击，选中整个表单域，打开属性检查器，在"Action"文本框中输入"mailto:ainiaoxiehui2022@163.com"，表示表单信息将以电子邮件的形式发送给 ainiaoxiehui2022@163.com，如图 7.2.4 所示。

图 7.2.4　设置表单信息的提交方法

保存网页后，在浏览器中预览并输入表单信息，输入完之后，单击"提交"按钮，如图 7.2.5 所示。

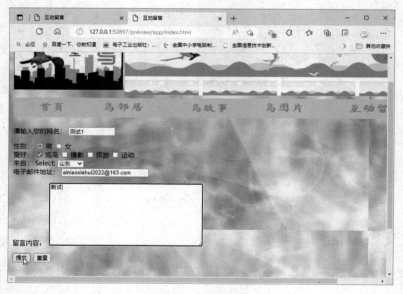

图 7.2.5　输入表单信息并提交

打开默认的电子邮件程序，如图 7.2.6 所示。单击"发送"按钮，表单信息就会发送给 ainiaoxiehui2022@163.com。

在实际的网站中，留言簿中的内容通常不是通过电子邮件来传递的，而是通过后台数据库的支持存放到相应的数据库文件中。本书作为基础教程，并没有涉及相关内容，感兴趣的读者可以自行学习数据库的相关知识，阅读相关书籍，完成相应设置。

图 7.2.6　打开默认的电子邮件程序

习题 7

1．表单域的作用是什么？

2．常用的表单元素有哪些？

3．文本与文本区域的区别是什么？

4．在文本的属性检查器中，Size 属性与 Max Length 属性的区别是什么？

5．两个单选按钮与一个单选按钮组（两个单选按钮）有什么区别？

6．在"选择"表单元素中，如何通过设置同时选择多个选项？

7．按钮有哪 3 种类型？

8．如何提交表单信息？

第 **8** 章

使用行为

项目1　通过行为弹出信息

子项目1　行为概述

行为是指为了响应网页中的某一事件而采取的一个动作。当把某个行为赋予网页中的某个对象时，也就定义了一个动作，以及与之相对应的事件。事件可以是鼠标指针的移动、网页的打开与关闭、键盘的使用等；动作可以是弹出问候语、刷新页面、播放音频、检查用户浏览器等。

在网页中添加行为就可以将该行为附加到整个文档中，同时网页中的所有元素，包括链接、图像、表格及其他的 HTML 对象都将被赋予这个行为。一个事件可以关联多个动作，每个动作执行的先后顺序由面板中行为的排列顺序决定。

Dreamweaver 提供了多种行为，通过使用这些行为就可以实现弹出信息、交换图像、跳转菜单等特殊的网页效果。第 6 章的"鼠标指针经过图像效果"子项目就使用了"交换图像"和"恢复交换图像"两个行为。

调节浏览器的行为包括打开浏览器窗口、调用 JavaScript 和转到 URL。用户使用"打开浏览器窗口"行为可以使链接文档显示在新的浏览器窗口中，并且可以调节浏览器窗口大小；使用"调用 JavaScript"行为可以执行自定义函数和 JavaScript 代码；使用"转到 URL"行为可以打开一个新的页面。

控制图像的行为包括交换图像、恢复交换图像和预先载入图像。使用"交换图像"和"恢复交换图像"行为可以实现鼠标指针移动到图像时原来的图像变为其他图像、鼠标指针移出图像时图像恢复原状的效果；使用"预先载入图像"行为可以在网页中预先载入图像，更快地将页面中的图像显示出来。

显示文本的行为包括弹出信息、设置状态栏文本、设置容器文本和设置文本区域文本。用户使用"弹出信息"行为可以在一个网页跳转到另一个网页时，弹出消息框；使用"设置状态栏文本"行为可以在浏览器的状态栏中显示文本内容，这需要浏览器的支持；使用"设置容器文本"行为可以用指定内容替换网页中的内容和格式设置；使用"设置文本区域文本"

行为可以在页面动态地更新文本。

加载多媒体的行为包括检查插件、改变属性和显示-隐藏元素。用户使用"检查插件"行为可以检查是否安装了相应的插件程序；使用"改变属性"行为可以动态地改变选定对象的属性值；使用"显示-隐藏元素"行为可以显示、隐藏、恢复一个或多个 Div 元素的默认可见性。

控制表单的行为包括跳转表单、跳转表单开始和检查表单。用户使用"跳转表单"行为可以编辑菜单中的菜单对象；使用"跳转表单开始"行为可以手动指定单击某个表单对象前往特定的菜单项；使用"检查表单"行为可以在提交数据时自动检查表单域中文本区域的内容是否有效。

子项目 2　使用行为弹出对话框

有些网页经常自动弹出一些信息供浏览者阅读，这些信息可以是一些友好的问候语，也可以是一些与网页相关的提示语。

在 Dreamweaver 中打开 index.html 网页，单击窗口左下角的"<body>"按钮，如图 8.1.1 所示。

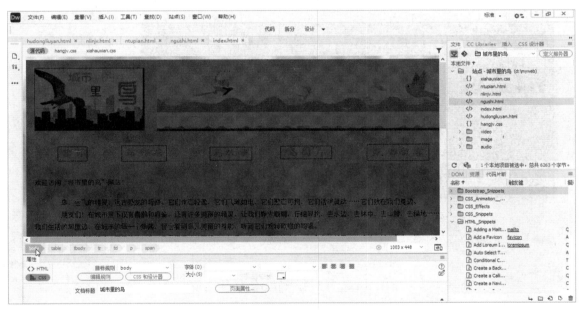

图 8.1.1　单击"<body>"按钮

选择菜单栏中的"窗口"→"行为"命令，如图 8.1.2 所示。

在弹出的"行为"面板中单击+下拉按钮，在弹出的下拉列表中选择"弹出信息"选项，如图 8.1.3 所示。

弹出"弹出信息"对话框，在"消息"列表框中输入信息"为保证浏览效果请使用 Edge 等浏览器，不要使用 IE 浏览器！"，如图 8.1.4 所示，单击"确定"按钮。

在"行为"面板中可以看到，"弹出信息"行为已经被添加，"onLoad"表示在网页显示之前就执行该行为，如图 8.1.5 所示。

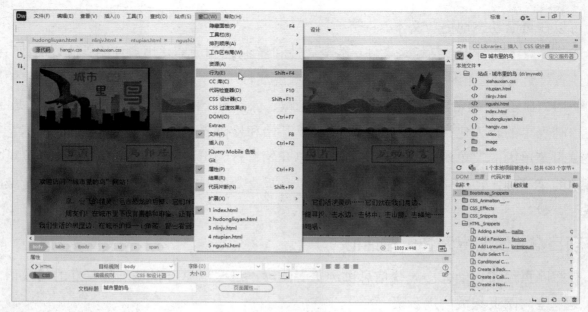

图 8.1.2　选择"行为"命令

图 8.1.3　选择"弹出信息"选项

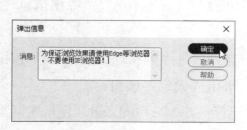

图 8.1.4　输入信息

图 8.1.5　"弹出信息"行为被添加

读一读

"行为"面板共有 6 个按钮，它们的作用如下。

（1）"显示设置事件"按钮：显示添加到当前网页中的事件。

（2）"显示所有事件"按钮：显示所有添加的行为事件。

（3）"添加行为"按钮：单击该按钮会弹出行为列表框，可以选择选项用于添加行为。

（4）"删除行为"按钮：从当前行为列表中删除选中的行为。

（5）"增加事件值"按钮：改变执行顺序，将行为向前移动。

（6）"降低事件值"按钮：改变执行顺序，将行为向后移动。

保存网页后，将"设计"视图切换为"实时视图"时会弹出"实时视图警告"对话框，如图 8.1.6 所示。只有单击"确定"按钮关闭该对话框，才能继续浏览网页。

图 8.1.6　"实时视图警告"对话框

弹出对话框的方法虽然可以让浏览者在浏览网页时注意到其他信息，但也存在一些缺点：一是该方法过于呆板，不关闭对话框，就无法浏览网页；二是表现方法过于单一，只能是文本，效果不够生动。

读一读

在"行为"面板中可以设置触发器类型和行为事件。行为事件可以设置在不同的触发器情况下触发。触发器类型主要有以下几种。

（1）onClick：单击选定元素时触发事件。

（2）onDblClick：双击选定元素时触发事件。

（3）onMouseDown：按下鼠标左键（不释放）时触发事件。

（4）onMouseMove：鼠标指针停留在选定元素上时触发事件。

（5）onMouseOut：鼠标指针从元素上离开时触发事件。

（6）onMouseOver：鼠标指针首次指到元素时触发事件。

（7）onMouseUp：释放鼠标左键时触发事件。

做一做

在"行为"面板中选中某个"行为"后，单击━按钮，可以将该行为删除。将刚才添加的"行为"删除，并观察效果。

项目 2 使用行为实现跳转菜单

跳转菜单可以从多个选项中选择一个并跳转到指定的网页，一般用来快速浏览网站中的网页或导航到其他相关网站。它通过设置菜单中的菜单对象来为每一个菜单项设置一个超链接，选择菜单项，相应的网页就会被打开。

下面为各地的观鸟协会建立一个跳转菜单，在选择哪个地区的观鸟协会后，该地区的观鸟协会网址便会打开。

首先打开 index.html 网页，在网页底部另起一行，输入"观鸟协会："几个文字，然后选择菜单栏中的"插入"→"表单"→"选择"命令，如图 8.2.1 所示。

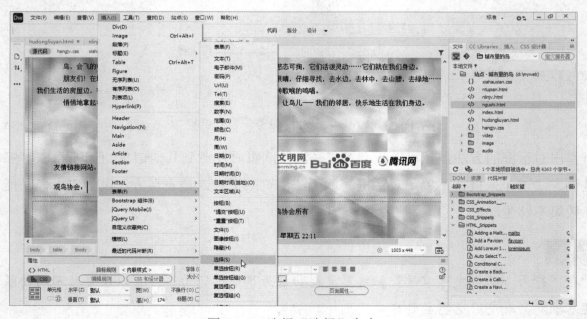

图 8.2.1　选择"选择"命令

首先在属性检查器"Name"文本框中输入"guanniaoxiehui"作为该表单元素的名称，然后单击"列表值"按钮，如图 8.2.2 所示。

图 8.2.2 单击"列表值"按钮

弹出"列表值"对话框，在"项目标签"列表中输入各地观鸟协会的名称，单击╋按钮可以增加项目标签，单击━按钮可以删除项目标签，单击▲ ▼按钮可以调整它们的顺序。输入完之后，单击"确定"按钮，如图 8.2.3 所示。

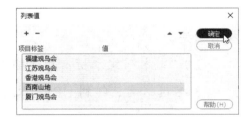

图 8.2.3 单击"确定"按钮

选中"选择"表单，在"行为"面板中单击╋下拉按钮，在弹出的下拉列表中选择"跳转菜单"选项，如图 8.2.4 所示。

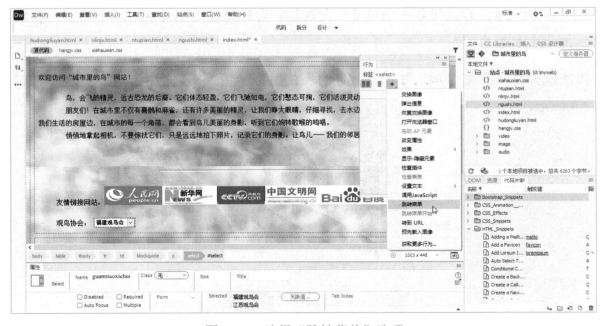

图 8.2.4 选择"跳转菜单"选项

首先在弹出的"跳转菜单"对话框中选中"菜单项"中的一个项目，然后在"选择时，转到 URL"文本框中输入相应的网址，如图 8.2.5 所示。

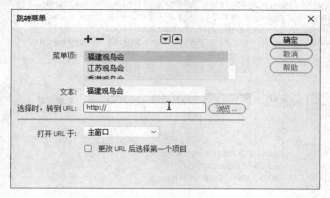

图 8.2.5 设置"跳转菜单"对话框

在"跳转菜单"对话框中有 5 个选项可以设置，它们的作用如下。

（1）"菜单项"列表框：用于显示菜单项，与"文本"文本框和"选择时，转到 URL"文本框相关。

（2）"文本"文本框：用于输入显示在跳转菜单中的菜单名称。

（3）"选择时，转到 URL"文本框：用于输入链接到菜单项的文件路径，也可以是互联网网址。

（4）"打开 URL 于"下拉列表：用于指定在哪个窗口中打开网页，一般选择"主窗口"，使用框架时可以指定框架窗口。

（5）"更改 URL 后选择第一个项目"复选框：勾选该复选框并跳转到新网页后，跳转菜单仍然显示基本菜单项。

依次选择每一个菜单项，并输入与之对应的网址。输入完之后，单击"确定"按钮，如图 8.2.6 所示。

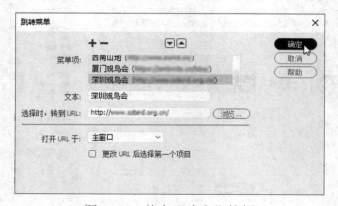

图 8.2.6 单击"确定"按钮

保存网页后，在浏览器中预览网页。单击"选择"表单，菜单项会以下拉列表的形式展现出来，选择一个菜单项，超链接网页将被打开，如图 8.2.7、图 8.2.8 所示。

图 8.2.7　选择菜单项

图 8.2.8　超链接网页将被打开

项目 3　使用行为检查表单项

留言簿是浏览者与网页设计者沟通的桥梁，它可以拉近两者之间的距离，但在得到浏览者提供的信息的同时，要防止无效信息和错误信息的输入。例如，要防止在需要输入电子邮件的表单栏中，输入的内容不符合电子邮件的格式等。"验证表单"可以在一定程度上防止空信息和错误信息的输入。

首先要确定有哪些表单对象需要验证。例如，在制作的留言簿上，"网名""电子邮件地址""留言内容"都需要验证。其中，"电子邮件地址"需要验证输入的格式是否合法，其余两者需要验证是否为空。

然后要确定每一个需要验证表单对象的 ID，以免发生混淆。"网名"的 ID 为"name"，

"电子邮件地址"的 ID 为"email"，"留言内容"的 ID 为"neirong"。

打开 hudongliuyan.html 网页，单击表单域虚线，选中整个表单域，如图 8.3.1 所示。

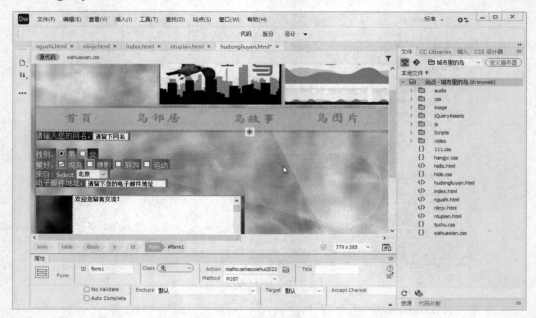

图 8.3.1　选中整个表单域

下面就为上述表单栏目设置检查表单。选择菜单栏中的"窗口"→"行为"命令，弹出"行为"面板，单击表单域虚线，在保证表单域被选中的情况下，单击"行为"面板中的 **+.** 下拉按钮，在弹出的下拉列表中选择"检查表单"选项，如图 8.3.2 所示。

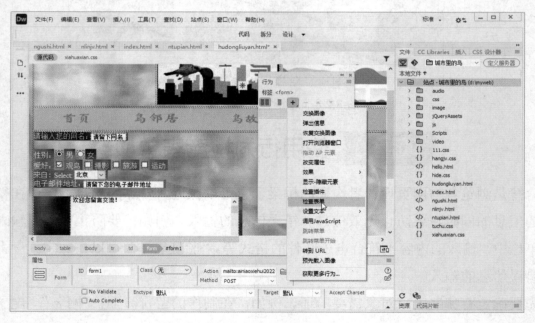

图 8.3.2　选择"检查表单"选项

弹出"检查表单"对话框，设置"域"为"input "name"(R)"，"值"为"必需的"，"可接受"为"任何东西"，单击"确定"按钮，即可检查网名，如图 8.3.3 所示。

图 8.3.3　检查网名

读一读

在"检查表单"对话框中有以下 3 个选项可以设置。

（1）"域"列表框：用于选择要检查数据有效性的表单对象。

（2）"值"选项区：勾选"必需的"复选框后，"域"列表框中选择的表单项为必填项。

（3）"可接受"选项区：用于设置可填数据的类型，选中"任何东西"单选按钮表示可以输入任意类型的数据；选中"数字"单选按钮表示只能输入数字数据；选中"电子邮件地址"单选按钮表示输入的数据必须是电子邮件地址；选中"数字从"单选按钮表示只能输入一定范围的数值。

在"检查表单"对话框中设置"域"为"input "email"(RisEmail)"，"值"为"必需的"，"可接受"为"电子邮件地址"，单击"确定"按钮，即可检查电子邮件地址，如图 8.3.4 所示。

在"检查表单"对话框中设置"域"为"textarea "neirong"(R)"，"值"为"必需的"，"可接受"为"任何东西"，单击"确定"按钮，即可检查留言内容，如图 8.3.5 所示。

图 8.3.4　检查电子邮件地址

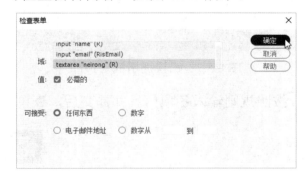

图 8.3.5　检查留言内容

此时，"行为"面板中出现了"检查表单"的行为，"onSubmit"表示单击"提交"按钮时，开始检查各表单项是否符合规则，如图 8.3.6 所示。

保存网页后，在浏览器中预览网页。不填写任何内容，提交表单后会弹出如图 8.3.7 所示的错误提示框。重新输入各项信息并提交后，一切正常。

未按照电子邮件地址格式填写，提交时会弹出如图 8.3.8 所示的错误提示框。按照正确格式输入并提交后，一切正常。

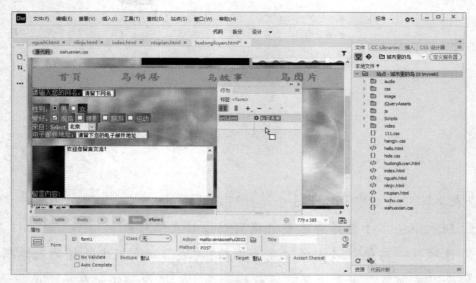

图 8.3.6　"检查表单"的行为

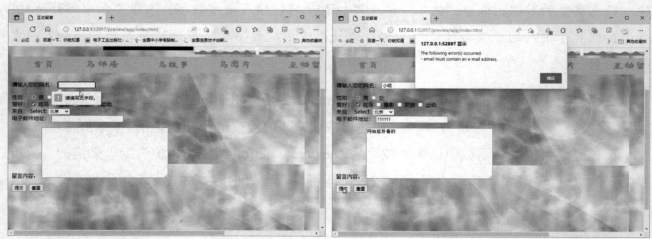

图 8.3.7　错误提示框（1）　　　　　　　图 8.3.8　错误提示框（2）

按照规则输入各项信息并提交后，表单的全部信息将按照设置发送到相应邮箱。

习题 8

1．什么是行为？Dreamweaver 提供了多少种行为？

2．举例说明，在行为中有哪些常见的事件和动作？

3．onMouseDown、onMouseMove、onMouseOut、onMouseOver 和 onMouseUp 分别代表什么含义？

4．在"检查表单"对话框中设置"可接受"为"电子邮件地址"的作用是什么？

网站的管理与上传

项目1 管理网站中的文件

在网站的制作过程中，每建立一个网页，或者将一个文件导入网站中都会涉及网页管理的相关内容。例如，将图片文件保存到"image"文件夹中；将视频、音频等相关文件保存到相应的文件夹中，虽然这些操作在网站的制作过程中非常简单，但是可以让网站根目录下的文件整齐有序，从而保证网站的可读性和可维护性。

不过，就算在网站的制作过程中没有注意到网页管理方面的工作也不用担心，我们可以通过管理网站中的文件达到相同的目的。

子项目1 网站中文件的操作

网站制作完之后，难免会有多余的文件，或者需要改变文件的位置，这就需要对文件进行整理。

在 Dreamweaver 中打开站点，不要打开网页，也就是保证它们都不在编辑状态下。在面板组的"文件"面板中可以对文件进行删除、重命名、复制、移动等操作，与 Windows 资源管理器中的操作方法非常类似。

1. 文件的删除

将鼠标指针移动到想要删除的文件上并右击，在弹出的快捷菜单中选择"编辑"→"删除"命令即可，如图 9.1.1 所示。

2. 文件的重命名

将鼠标指针移动到想要重命名的文件上并右击，在弹出的快捷菜单中选择"编辑"→"重命名"命令。此时文件名处于待编辑状态，输入新的文件名即可；也可以双击文件名，使文件名处于待编辑状态，输入新的文件名即可。

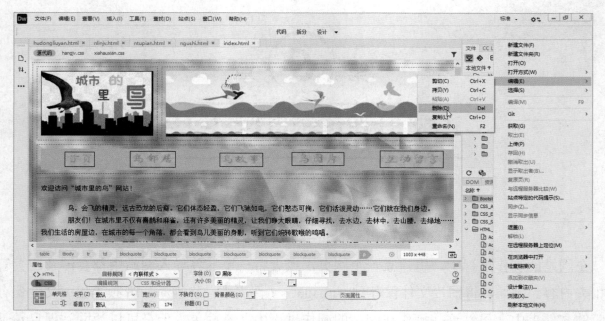

图 9.1.1   选择"删除"命令

3. 文件的复制

将鼠标指针移动到想要复制的文件上并右击，在弹出的快捷菜单中选择"编辑"→"复制"命令，打开目标文件夹，单击工具栏上的"粘贴"按钮即可。

4. 文件的移动

将鼠标指针移动到想要移动的文件上并右击，在弹出的快捷菜单中选择"编辑"→"剪切"命令，打开目标文件夹，单击工具栏上的"粘贴"按钮即可。

检查网站中的文件，将网站制作过程中生成但没有应用的文件，以及导入网站中没有使用的素材文件删除。需要注意的是，不要轻易更改文件的名称，以免造成网页超链接发生错误。

子项目 2   检查网站中的超链接

在网站的制作过程中，最容易发生的错误就是超链接错误，导致超链接错误的原因有很多。例如，创建超链接时的错误操作可能导致超链接错误；网页或其他文件的名称发生改变可能导致超链接错误；删除无效的网页文件后也可能导致超链接错误。

网页上的文字或图片发生错误可以被直观地发现，并及时修改，但超链接错误是隐性的，无法直接从网页上看出来，只能在浏览器中通过单击超链接来检验。如果真的这样做，将是一项非常复杂、枯燥的工作。Dreamweaver 提供了一项功能，可以轻松地完成对超链接的检查。

选择菜单栏中的"站点"→"站点选项"→"检查站点范围的链接"命令，如图 9.1.2 所示。

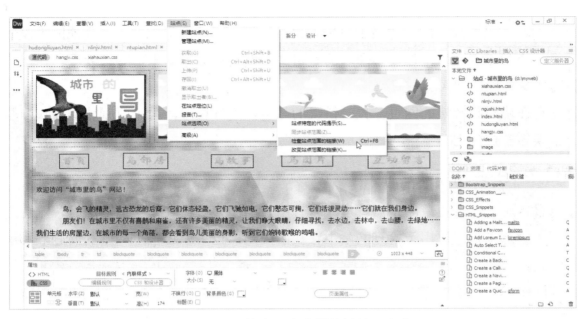

图 9.1.2　"检查站点范围的链接"命令

此时，打开"链接检查器"面板，提示网站中出现"断掉的链接"项目中有问题，如图 9.1.3 所示。

如果有超链接错误，则打开相应的网页进行修改，修改网页中的错误并保存后，重新检查。在"链接检查器"面板中单击▶下拉按钮，在弹出的下拉列表中选择"检查整个当前本地站点的链接"选项，确保网页中的错误已经得到更正，如图 9.1.4 所示。

图 9.1.3　提示网站中出现"断掉的链接"
项目中有问题

图 9.1.4　选择"检查整个当前
本地站点的链接"选项

在"链接检查器"面板中单击"显示"右侧的下拉按钮，在弹出的下拉列表中分别选择"断掉的链接"选项、"外部链接"选项、"孤立的文件"选项，相应的文件描述就会显示在窗口中，如图 9.1.5 所示。

通常，Dreamweaver 无法检查外部链接的正确性，不能保证打开的网页就是需要打开的网页。

图 9.1.5　查找错误超链接的设置

Dreamweaver 可以将孤立的文件显示出来。也就是说，网站中生成的、与其他网页没有超链接的文件，或者导入网站中但没有使用的素材文件都会被显示出来，等待处理。在一般情况下，将孤立文件删除即可。

打开存在错误超链接的网页，先对错误的超链接进行修改，再重复刚才的操作步骤，直到没有错误超链接为止。

子项目 3　生成站点报告

站点报告对于比较复杂的站点管理非常有用。当多人协作制作一个网站时，难免会出现一些问题。站点报告可以用于检查网站中存在的问题，也可以让整个网站的问题顺利解决，不会有遗漏。

打开网站，选择菜单栏中的"窗口"→"结果"→"站点报告"命令，如图 9.1.6 所示。

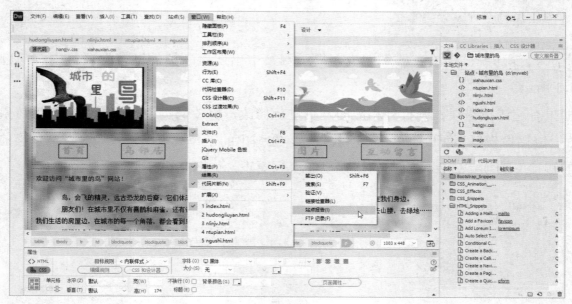

图 9.1.6　选择"站点报告"命令

在弹出的"站点报告"面板中单击"报告"按钮，如图 9.1.7 所示。

图 9.1.7　单击"报告"按钮

在弹出的"报告"对话框中单击"报告在"右侧的下拉按钮，在弹出的下拉列表中选择"整个当前本地站点"选项，如图 9.1.8 所示，在"选择报告"选项区中勾选"HTML 报告"下的各个复选框，单击"运行"按钮，如图 9.1.9 所示。

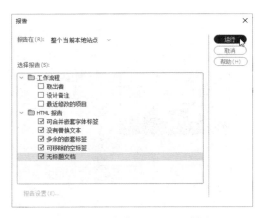

图 9.1.8　选择"整个当前本地站点"选项　　　　图 9.1.9　单击"运行"按钮

此时，"站点报告"面板会自动打开，如图 9.1.10 所示，同时网站中存在的问题也会显示在该面板中，如果项目为空，则表示站点没有问题。如果存在问题，则可以单击"保存报告"按钮生成报告。

图 9.1.10　打开"站点报告"面板

项目 2　在 Dreamweaver 中上传网页

制作网页的最终目的是将网页发布到互联网上，供人浏览。所以，上传网页是网页制作过程中的最后一步，也是最重要的一步。

Dreamweaver 不仅提供了网页制作和网站管理的功能，还提供了上传网页的功能。

子项目 1　配置服务器信息

网页制作完之后，我们可以将网页上传到预先申请好空间的服务器上，也可以上传到学校的服务器上。无论上传到哪个服务器，我们都要事先知道该服务器的域名或 IP 地址，以及该服务器管理员提供的用户名和密码，否则上传请求将被服务器拒绝，只有事先知道这些信息才能够完成配置工作。

首先，在 Dreamweaver 中配置服务器信息。选择菜单栏中的"站点"→"管理站点"命令，如图 9.2.1 所示。

在弹出的"管理站点"对话框中双击要编辑的站点，如图 9.2.2 所示。

在弹出的"站点设置对象 城市里的鸟"对话框的左侧列表框中选择"服务器"选项，在右侧区域中单击 ＋ 按钮，添加新服务器，如图 9.2.3 所示。

图 9.2.1　选择"管理站点"命令

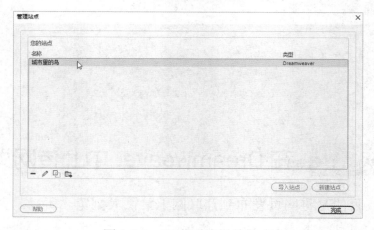

图 9.2.2　双击要编辑的站点

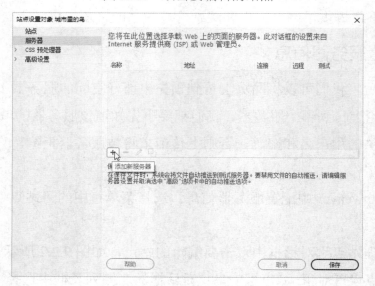

图 9.2.3　添加新服务器

在"服务器名称"文本框中输入"bird in city"，设置"连接方法"为"FTP"，然后输入存放网站服务器的用户名、密码及存放网页的根目录，单击"保存"按钮，如图 9.2.4 所示。

在返回的"站点设置对象 城市里的鸟"对话框中单击"保存"按钮，如图 9.2.5 所示。

图 9.2.4　输入信息并保存

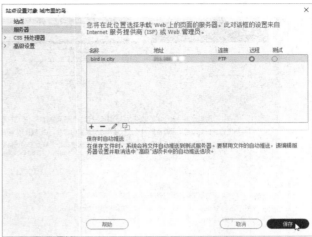

图 9.2.5　单击"保存"按钮

此时弹出一个警告对话框，用来提醒设计者，因为更改了站点的相关设置，所以 Dreamweaver 会重建缓存，单击"确定"按钮，如图 9.2.6 所示。

在返回的"管理站点"对话框中单击"完成"按钮，如图 9.2.7 所示。

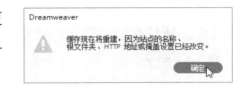

图 9.2.6　单击"确定"按钮

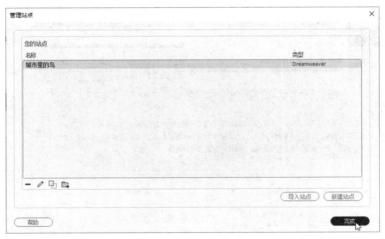

图 9.2.7　单击"完成"按钮

子项目 2　将网页上传到服务器

完成配置后就可以上传网页了。在"文件"面板中选中站点中的所有文件后，单击 ⬆ 按钮开始上传文件，如图 9.2.8 所示。

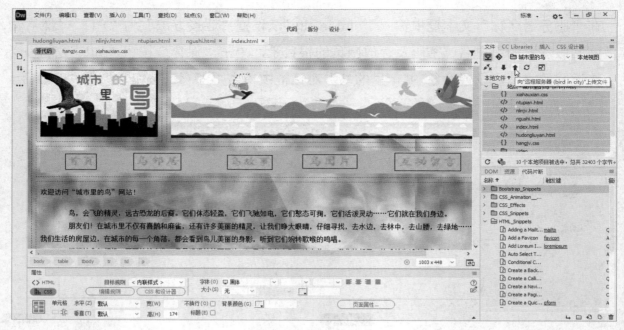

图 9.2.8　选中所有文件后单击 ↑ 按钮

可以看到，Dreamweaver 开始查找主机。在连接服务器后，Dreamweaver 首先会对文件进行排序，然后开始上传文件，如图 9.2.9 所示。

图 9.2.9　查找主机并上传文件

子项目 3　浏览上传的网页

网页上传完之后，在浏览器中输入服务器提供的网址，就可以打开上传的网页，如图 9.2.10 所示。如果对网页内容不满意，则可以重新打开 Dreamweaver 进行修改，然后重新上传网页。

图 9.2.10　浏览上传的网页

子项目 4　更新网页中的文件

为了保证网站的时效性，在上传网页后还要进行日常的维护，包括网页内容的更改、网页文件的更新与删除，以及其他文件的导入与删除等。所有这些操作都不必连接到互联网上，在本机上操作就可以了，修改完成后，重新上传网页即可。

因为在日常维护网站时仅对网站中的内容进行较小的修改，所以不必将所有文件都重新上传一遍。Dreamweaver 提供了"同步"命令，该命令用于自动检查本地计算机上网站的内容与互联网上网站的内容是否一致，然后将完成时间较近的文件覆盖互联网上的同名文件，同时上传互联网上缺少的文件，并将无效的孤立文件删除。

选择菜单栏中的"站点"→"站点选项"→"同步站点范围"命令，如图 9.2.11 所示。

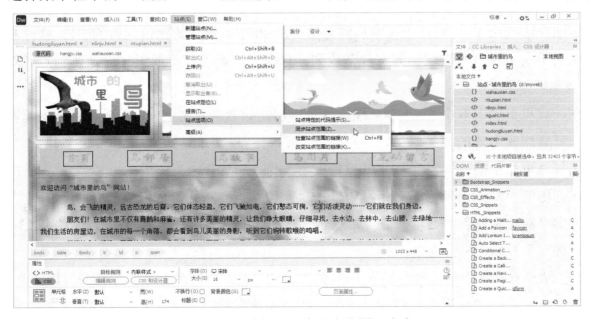

图 9.2.11　选择"同步站点范围"命令

如图 9.2.12 所示，在弹出的"与远程服务器同步"对话框的"同步"下拉列表中选择"整个'城市里的鸟'站点"选项，在"方向"下拉列表中选择"获得和放置较新的文件"选项，单击"预览"按钮。

图 9.2.12　单击"预览"按钮

此时，Dreamweaver 开始自动更新，如果本地文件有改动，则弹出一个将被更新的文件对话框，在该对话框中单击"确定"按钮就可以完成更新。如果没有本地文件与服务器上的文件一致，则弹出一个没有必要更新的警告对话框。

项目3　使用 FTP 软件上传网页

Dreamweaver 提供了上传网页的功能，可以直接将制作完成的网页上传到互联网服务器上，但它有一定的局限性。例如，它不支持续传功能，当上传的文件过大，因网络原因而导致上传网页的操作被意外终止时，在下次上传网页时，还需要将计算机上的网站文件与互联网服务器上的网站文件逐一进行比较，并重新上传网页，浪费了一定的时间和资源。并且，在上传网页的过程中，我们不能直观地看到服务器上的文件及文件夹的情况。

使用 FTP 软件上传网页可以很好地解决这个问题。

子项目1　配置站点信息

下面介绍使用 FTP 软件上传网页的方法。FlashFXP 是一款比较优秀的 FTP 软件，使我们使用它不仅可以将互联网上的文件下载到计算机上，还可以将网页文件上传到互联网服务器上。

在计算机桌面上双击 FlashFXP 图标就可以启动该软件。在上传网页前，应该先配置存放网页的互联网服务器的相关信息。

选择菜单栏中的"站点"→"站点管理器"命令，如图 9.3.1 所示。

在弹出的"站点管理器"对话框中单击"新建站点"按钮，如图 9.3.2 所示。

弹出"新建站点"对话框，在"站点名"文本框中输入"城市里的鸟"，如图 9.3.3 所示，单击"确定"按钮。

在"站点管理器"对话框中输入 FTP 服务器的地址、用户名和密码等信息，如图 9.3.4 所示，最后依次单击"应用"按钮和"关闭"按钮完成配置。

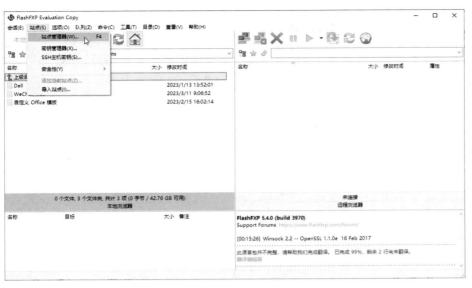

图 9.3.1　选择"站点管理器"命令

图 9.3.2　单击"新建站点"按钮

图 9.3.3　输入站点名

图 9.3.4　输入 FTP 相关信息

子项目2　将网页上传到服务器

单击工具栏上的"连接"按钮，在弹出的下拉列表中选择"城市里的鸟"选项，该站点在验证用户名和密码后会显示连接成功的信息，如图9.3.5所示。

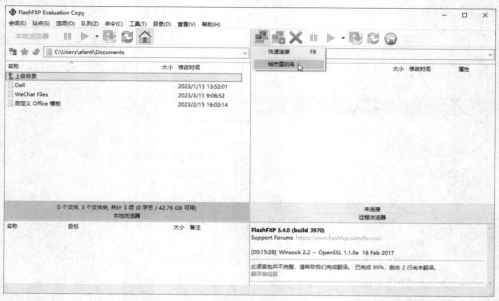

图9.3.5　验证连接FTP站点

如图9.3.6所示，连接成功后，FlashFXP窗口左侧为本地硬盘上的文件，FlashFXP窗口右侧为FTP服务器上的文件。将左侧文件移动到右侧就是上传文件；将右侧文件移动到左侧就是下载文件。

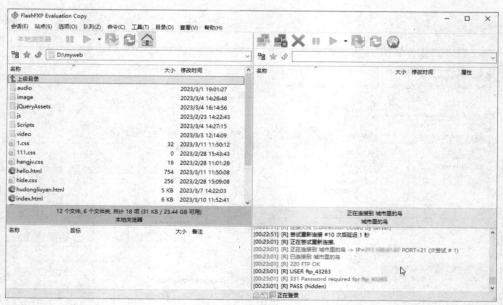

图9.3.6　连接成功

选中网站中的所有文件和文件夹，移动鼠标指针，将网页文件移动到FlashFXP窗口右侧，释放鼠标左键，开始上传网页文件，如图9.3.7所示。

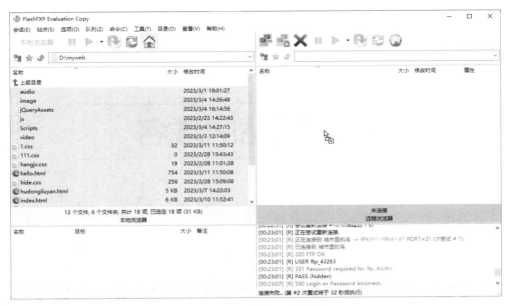

图 9.3.7　上传网页文件

上传完网页文件之后，关闭 FlashFXP。在浏览器中输入网址就可以看到上传的网页了，如图 9.3.8 所示。

图 9.3.8　在浏览器中预览上传的网页

习题 9

1. "检查站点范围的链接"命令有什么作用？

2. 如何生成站点报告？

3. 配置站点服务器需要哪些信息？

4. 如何在 Dreamweaver 中更新网页中的文件？

5. 使用 FlashFTP 上传网页的优点是什么？

附录

申请网站的域名

相关知识：域名

域名类似于互联网上的门牌号码，是用于识别和定位互联网上计算机的层次结构式字符标识，与该计算机的互联网协议（IP）地址相对应，但相对于 IP 地址来说，它更便于用户理解和记忆。域名属于互联网上的基础服务，基于域名可以提供 WWW、E-mail、FTP 等应用服务。

域名注册分为国内域名注册和国际域名注册两种。国内域名注册由中国互联网络信息中心（CNNIC）授权代理；国际域名注册由互联网络信息中心（InterNIC）授权代理。图 A.1 所示为中国互联网络信息中心主页。

图 A.1　中国互联网络信息中心主页

CNNIC 是 CN 域名注册管理机构，负责运行和管理相应的 CN 域名系统，维护中央数据库，不直接面对最终用户提供 CN 域名注册的相关服务。域名注册服务由 CNNIC 认证的域名注册服务机构提供，注册服务机构按照公平和先申请先注册的原则受理 CN 域名的注册申请，并依据国家有关法律、法规完成 CN 域名的注册。注册代理机构负责在注册服务机构授权范围内接受域名的注册申请。图 A.2 所示为注册服务机构的结构图。

图 A.2 注册服务机构的结构图

实施步骤：

下面以访问"东方网景"网页，注册一个名为"http://www.bir****ity.com"的域名为例，介绍注册域名的步骤。

注意：下列操作中会涉及充值付款环节，如果仅学习操作步骤，则不要进行充值付款。

在浏览器中打开需要注册域名的网页，如图 A.3 所示。

图 A.3 打开需要注册域名的网页

选择"首页"→"域名服务"→"英文域名"→".com"选项，如图 A.4 所示。

图 A.4 选择".com"选项

如果想要完成域名注册，则必须先注册成为该网站的会员。选择"东方网景"网页顶部的"免费注册"选项，进行会员注册，这个注册仅仅是成为东方网景的会员，所以是免费的。

如图 A.5 所示，在用户注册页面上输入姓名、用户名（电子邮箱）、登录密码等信息，输入完之后，单击"立即注册"按钮。此时，系统开始检查账号是否符合规定、是否重名等。

图 A.5　在用户注册页面输入相关信息

为了保证信息的真实性，在注册过程中需要进行手机短信验证。在输入手机号和验证码后，系统还会再次进行邮箱验证，以确保邮箱可以正常使用。单击"立即验证"按钮后，进入邮箱，在邮箱中打开收到的验证邮件，单击邮件中的超链接，完成验证，如图 A.6 所示。

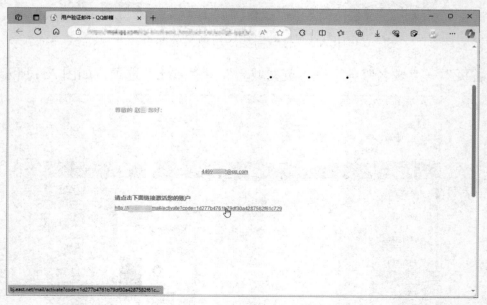

图 A.6　进行手机短信和邮箱验证

验证完之后，弹出注册成功页面，如图 A.7 所示。

图 A.7　注册成功页面

图 A.8 所示为重新进入域名注册的页面。可以发现，登录成功后，网页上出现了用户名和账户余额。

图 A.8　域名注册的页面

选择"首页"→"域名服务"选项，在 WWW.文本框中输入"bir****ity"，勾选".com"复选框，单击"查询"按钮，如图 A.9 所示。如果该域名没有被其他人注册过，将弹出查询反馈窗口，在该窗口中单击"加入购物车"按钮，如图 A.10 所示，将对本次域名注册给予确认。

在弹出的窗口中可以看到，刚才所注册域名的相关信息，如产品型号、产品内容、操作选项、购买年限等，单击"立即结算"按钮可以完成购买，如图 A.11 所示。

图 A.9　单击"查询"按钮

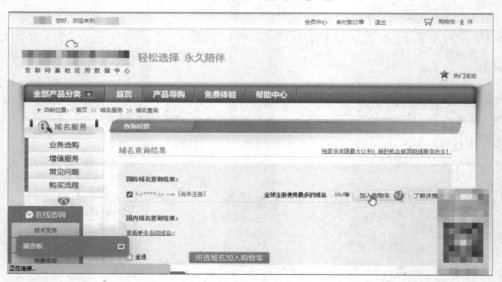

图 A.10　单击"加入购物车"按钮

图 A.11　单击"立即结算"按钮

系统在扣除相应金额后，即可开通域名，此时会收到系统发来的邮件。

　　需要注意的是，域名需要每年续费。也就是说，用户需要每年向注册服务机构缴纳域名运行管理费用。年域名续费截止日期和申请日期相同。对于续费截止日期内未完成续费的域名，将暂停服务，暂停服务 15 日内仍未完成续费的域名，将予以删除。另外，如果注册信息发生变化，则应及时通知域名注册服务机构予以变更，同时注意保存注册服务机构提供给用户的、用于更改信息的密码和用于转移注册服务机构的密码。

附录

选择存放网站的服务商

相关知识：虚拟主机与主机托管

要将网站存放在互联网上，除了需要注册域名，还要选择一个合适的服务商。目前，各服务商提供两种方式用来存放网站文件：一种是虚拟主机，另一种是主机托管。

虚拟主机是使用特殊的软件和硬件技术，将一台主机分为一台台"虚拟"的主机，每一台虚拟主机都具有独立的域名和共享的 IP 地址。虚拟主机属于企业在网络营销中比较简单的应用，适合个人或者初级建站的中小型企事业单位。这种建站方式适用于发布简单的信息。

主机托管是将服务器放置在通信部分的专用托管服务器机房，利用数据中心的线路、端口、机房设备为信息平台建立宣传基地和窗口。主机托管可以对运行环境有专门要求的高级网络运营提供托管服务，并且可以为用户提供实时带宽监测与报告。托管用户具有对设备的拥有权和配置权，可以根据需求为用户预留足够的发展空间。企业一般采用主机托管的方式，不仅可以节约成本，还可以根据需要灵活选择数据中心提供的线路、端口及增值服务，并且不会因为共享主机而引起主机负载过重，导致服务器性能下降。

实施步骤：

下面以访问"东方网景"网页，注册一个虚拟主机服务为例，介绍注册虚拟主机服务的步骤。

在浏览器中打开"东方网景"网页，选择"登录"选项，在弹出的窗口中输入邮箱/会员名称、密码和验证码，登录该网站，单击"登录"按钮，如图 B.1 所示。

选择"首页"→"虚拟主机"选项，如图 B.2 所示。

在"虚拟主机"网页中可以看到，有多种形式的虚拟主机服务，选择其中一种，单击"购买"按钮，如图 B.3 所示。

图 B.1 单击"登录"按钮

图 B.2 选择"虚拟主机"选项

图 B.3 单击"购买"按钮

在弹出的对话框中需要输入域名进行绑定。需要注意的是，域名一经绑定就不能修改，千万不要输错，输入完之后，单击"确定"按钮，如图 B.4 所示。

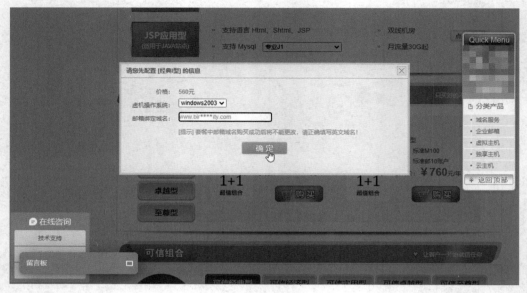

图 B.4　单击"确定"按钮

该项购买交易已经加入购物车，单击"立即结算"按钮，如图 B.5 所示，系统将查看账户上的余额，在扣除相应金额后，24 小时内服务将被开通。

图 B.5　单击"立即结算"按钮

虚拟主机服务开通后，用户通过 FTP 账号和密码就可以将网站上传到服务器提供的空间上，输入登记的域名就可以将网页打开。